U0008207

*Rich*致富 44

# 雅帝奇蹟

## 德國ALDI超商的簡單經營哲學

Konsequent Eintach

迪特・布朗德斯(Dieter Brandes) 著
顏徽玲 譯

高富國際文化股份有限公司
高寶國際集團

Rich致富館44

# 雅帝奇蹟

Konsequent Eintach

作　　者：迪特・布朗德斯(Dieter Brandes)
譯　　者：顏徽玲
編　　輯：何世強
校　　對：何世強　楊瑞琳
出 版 者：英屬維京群島商高寶國際有限公司台灣分公司
Global Group Holdings,Ltd.
地　　址：台北市內湖區新明路174巷15號10樓
網　　址：www.sitak.com.tw
電　　話：(02)27911197　27918621
電　　傳：出版部 (02)27955824　行銷部 27955825
郵政劃撥：19394552
戶　　名：英屬維京群島商高寶國際有限公司台灣分公司
發　　行：希代書版集團發行
出版日期：2001年10月第1版第1刷



Printed in Taiwan
ISBN:986-7806-98-0

## 我只是個普通的消費者，爲什麼要我成爲挑選專家？

消費購物是工作之餘的小休片刻--「消費者覺得太多新花招是一種負擔。他所需的是簡單、耐用、廉價、樸實又經濟的產品。」

趨勢研究者　何爾克斯（Matthias Horx）

CONTENT

# ALDI 雅帝奇蹟

## 德國ALDI超商的簡單經營哲學

# 前言

我一離開雅帝，明鏡周刊的編輯部馬上打電話給我，問我是否有準備為他們寫篇關於雅帝的文章。我拒絕了，因為對一個雅帝人來說，保密是很重要的。雅帝的堅決拒絕公開場合露面原則及典型雅帝簡單文化的精神，仍然陪伴著我。我也認為這樣的原則對大多數公司來說仍是正確的方向。大部份的訪談、露面只是自我表現，滿足企業領導人及經理的虛榮心。但這常也是出賣公司的準備，要不然就是只展示公司炫麗的一面。這些資訊只會讓同行撿到便宜，對顧客來說，這比較不重要，或者說，根本沒關係，不是嗎？

今日，雅帝方針實施了大約五十年了，公司創建人之一的提奧・亞伯列希特，以七十五歲的高齡退出，對我來說，似乎是個合宜的時機，寫本「雅帝現象」的書，而且是有個距離的狀況下來寫，用近幾年在其它公司的經驗，用探索本質的眼光。令人驚訝的是，到今天為止，市面上竟然沒有關於這個「零售奇蹟」的書，儘管學者、記者不斷地在這方面努力，保密的原則及職員的忠誠度造成了公眾想揭開其神秘面紗之舉的障礙。最近幾年，有雅帝的職員跳槽至競爭廠商，很可能把「有關數字」也一起帶過去了，儘管這當然—和其它公司無異—是嚴格禁止的。因為這樣的緣故，我們可以假設，專業雜誌有關雅帝的正確數字越來越多了，雅帝的量化也越來越清楚，公眾不再依賴所謂的猜測估計。但一般說來，這些數字比秘密行動的暗語還嚴密地被保管，正如自雅帝創業初期至現在都一直在觀察其動向的行家漢斯奧圖・伊克勞（Hans Otto Eglau）所說的。

亞斯特里德・帕波塔（Astrid Paprotta）與蕊琦娜・史耐德（Regina Schneider）用他們的書「雅帝族」，傳述了雅帝現象；他們並稱這個幾乎是顧客崇拜對象的企業為「一個奇特的王國」。每個人都認識，卻沒有人談論。也許是因為這王國就是用許多理所當然的事堆積起來的。

本書的目的不是要用官方統計或量化的方法來介紹雅帝。我個人認為這一點都不重要，儘管時時有人問到雅帝的銷售額多高、損益均衡點在那、或淨利潤為多少的問題。這些真有這麼有趣嗎？去瞭解一個成功企業的本質，不是更重要嗎？只看量化的資料，很難比較企業間的好壞。對競爭同業來說，比較根本的是反省自己業務的目標與意義。對成功最關鍵的因素是一連串的德行或企業文化。我也會提到組織、領導及業務原則。屆時就會很明白的：很多這些因素看來很清楚、簡單，實際上也是這麼清楚又簡單。

我完全認為，關於雅帝公司的重要知識，同理也可應用在不同的行業。那些瞭解雅帝原則並加以運用的企業家，再再都朝向成功之路。

例如家具連鎖店洛樂（Roller），全德最大家具連鎖，很喜歡用「家具界的雅帝」來形容自己的公司，這個企業具市場的領先價格。漢斯右亨・提斯納（Hans Joachim Tessner），這個企業的創建人，一九六九年突發奇想，以亞伯列希特兄弟的原則為標竿，發展了家具界的批發市場。

領先市場的巧克力商霍夫曼公司的老闆湯馬斯・霍夫曼（Thomas Hofmann）在一次訪談中也提到：「我們是甜點業中的雅帝。」他用這句化肯定雅帝的成功，所有業務原則也都仿照雅帝。

我在本書中描寫了雅帝的特色與原則，可以讓零售業界很清楚的看見，他們的錯誤在那。我確定，我一定要離開雅帝，才可認同評判這些。戴上一副雅帝銳利的眼鏡，我得以觀察其它的企業，更深入瞭解。

我在外國的經驗使我更清楚的看見雅帝的特色。尤其是在土耳其幫忙設立批發連鎖店之舉對我意義重大。其它如在荷蘭、比利時及丹麥設公司也助益頗多。不同的是我在德國其它公司的經驗，我在那裡的經驗，正好促使我也有機會用雅帝的方法改善其它公司的短處。

我的敘述主要是來自我任職北部雅帝業務經理及行政委員會委員的經驗及知識，加上過去幾年的談話來做為補充。此外，我想藉這本書澄清過去一些雅帝被誤會的地方，報導一些僅有少數公眾知道的事實。

這本書有幾段要送印前，我請莫妮卡・林得（Monika Linde）讀稿，她對深奧的描述特別敏銳。她看完後告訴我，這本書會成為論述道德的書。一開始我不是很確定這樣是否妥當，再次閱讀自己寫的東西，發現她的評價是沒錯。經濟界也要有道德。雅帝從很多方面來看，都可算是一個有道德的公司，再說，錢本身和賺錢並不是不道德的。藉著本書的敘述，使雅帝的古老德行歷歷再現。我們可以看到，除了技術層面因素外，倫理和道德在一個公司來說有什麼意義和用處。

雅帝是我在公司經營管理方面學到最多的學校，我很感謝。我感謝提奧・亞伯列希特，謹把這本書獻給他，當作是後補的七十五大壽的禮物。我們從卡爾・亞伯列希特一九五三年發表的談話出發，讀者看了這段談話後，就不難瞭解這個公司五十年屹立不搖的原因。基於亞伯列希特兄弟不喜公開場合作用這點來說，他們不一定會祝福這一本書。

我感謝曾任行政委員會委員的奧圖・胡本納（Otto Hubner）。我非常讚賞他的忠於原則。他是「忠於聖經」的戰績保持人，一九八四年的經理人雜誌，非常貼切的形容他為提奧・亞伯列希特的宰相。他於一九七一年讚賞我「年輕有為」，把我從基爾科普公司帶到赫騰的北部雅帝，後來他派我到諾多夫擔任業務經理。諾多夫很小，有六千多個居民，也是亞伯列希特基金會座落的地點。一九七五年，我和提奧・亞伯列希特、奧圖・胡本納一起在埃森擔任行政委員。

我也謝謝亞濟斯・查普蘇（Aziz G. Zapsu）對這個計畫的支持，因為他也迫切地想瞭解雅帝和其簡單之處。

這本書應該具典型的雅帝原則的功能：它很容易瞭解，如我所望。它既不是像現代經營管理那樣追求表面意義，也不希望用多餘的次要內容來嚇走讀者。我僅描寫：實務中最本質的部份。

我也感謝 Campus 出版社給我的支持，尤其是法蘭克・史沃爾（Frank Schwoerer）、卡琳・拜克佛納（Karin Beikufner）及布麗塔・科洛克（Britta Kroker）。

迪特・布朗德斯（Dieter Brandes）

導論

# 雅帝速寫

「若我們真要計算，恐怕只有在一種情況下，那就是一樣商品我們可以賣到多便宜。」以下的敘述為雅帝超市創辦者亞伯列希特兄弟著名的公開論述：

「我對你們談到訂價及簡化企業運作時，我所指的是我的企業如何運作，因為我深信這樣是最簡單的。回首當時在一九四八及一九四九年創業初期，雅帝只是一個小型雜貨店。我們想開更多分店，就必須在資金方面節省運疇；我們想拓展銷售商品種類，我們希望我們的店是日用品銷售線非常寬的零售店。

不過我們終究沒有那麼做，因為我們認清即使商品花色不多的超市，也能有很好的生意，因為與其它零售商的成本相較，我們的花費較低。

後來我們便把這個觀念做為企業經營的基本理念，我們現在的雜費成本只占了百分之十一。

自一九五〇年來我們便遵循少量商品種類的基本理念，外加低價策略，其實這也是情勢所趨，因為我們供貨種類不多，就得提供另一項優點，我們賣的產品一定比較便宜。

我堅信銷售項目少和低廉的價格是密不可分的兩個基本法則，而且我們也用經驗證明了。一九四九年我們平均每家店每月的銷售額為八千餘馬克，年年增加；銷售額上升的原因，不外乎我的基本法則。因為我們在廣告支出方面非常節省，廣告費占不到百分之零點一，而且我們所有的廣告都非常便宜，但效果卻非常大。顧客看了廣告之後，就來店裡大排長龍，周末時幾乎都是開門前就有人在排隊了，除了周末外，工作天的前一兩天銷售量也不差。例如在業績最好的店曾創下一個五公尺長的隊伍，月銷售額可達四萬四千馬克。

從這些例子看來，你們可以觀察到，這不光是服務的結果，而是大量批發的成果。技術上為了達到這個目地，所有陳貨架的結構都非常簡單。貨品置於櫃內或架上，排列簡單，使顧客一目了然，店內也不須特別裝璜。

我們的貨品種類約有二百五十至二百八十種。我們刻意將貨品花色品種維持小範圍，以利管制。此外我們也盡量不進太多同類產品，在選擇貨品方面，我們也不賣某些特定產品。把這些商品排除在外的原因為：

1. 銷售速度

2. 販賣速度

舉例來說，考慮販賣速度，我們不進散裝果醬水果、蔬菜、鹹鮭魚。若考慮銷售速度，我們不進水果罐、蔬菜罐或精緻的產品，如美乃滋、醃魚和鮭魚沙拉等。販售計畫只包含了可快速轉運的消耗品。豆莢類或穀類我們也只提供單一種類，豆類一種，扁豆類一種，米也只有一種。

包裝的穀類和豆莢類我們也不進。我們相信，包裝使產品價格上漲，無法納入低價產品的銷售線。包裝費常高於人事費用，所以我們不事先包裝，而是賣的時候才稱重。

我們銷售商品的種類進一步舉例如下：

一種糖

四種不同口味的玻璃罐裝果醬

五種麵食每一種價格一樣

五種不同細緻的香皂

五種較粗糙的肥皂

鞋油我們只進衣達牌的，牙膏只進布列達斯，罐裝豆類產品只進新格拉等，也就是市場上最好賣的產品。就連要精打細算的油脂類產品，我們也只進一種。其他高於我們預計的產品，我們也一概不進。

同類產品只進少項，使我們的售貨員工作既快速又簡單。顧客考慮的時間也變短，要不就買，不然就不買。

很多產品我們在訂價上有一定的計算方法，需要精打細算的商品，我們則運用下列的附加費率：

乳瑪琳　五至七％
動物油　十％
豬油　十至十二％
煎炸用油　十％
高級麵粉　十％

油我們是這樣賣的：每公斤進貨價＝每升的售貨價。這樣我們就不必再計算了。

若進貨價降低，我們一定會降價，就算我們沒有進貨。我們的立場是：攻比守更好。

就算買進時價格是下跌的，我們也傾向維持原售價，這會造成一個結果，因為我們的目地是要顧客相信他們沒法在其它地方買到更便宜的價格了─而且我相信在我們來說正是這種狀況，一但顧客有一回買到便宜的價格，他會買店裡所有的東西，他會選擇最好的購物時機。

我們則藉此達到人事資源充份利用的原則。這是我們的人事成本只占了百分之三點一及百分之三點七的重要因素之一。

這幾年，我們更徹底貫徹這個理念，成果豐碩前所未有，我們的銷售數量是一個很好的例子。一般正常狀況下，一月時銷售額為二十五萬馬克，二月為三十萬馬克，三月為三十四萬馬克，四月為三十九萬馬克。

接著我想提的是，我們企業的經營方針就是低售價策略。其他營運方法我們都不考慮，若我們真要計算，恐怕只有一種情況下，那就是一樣商品我們可以賣到多便宜，售價最高可定在那裡。」

這個卡爾・亞伯列希特（Karl Albrecht）於一九五三年確立的基本理念，當時還沒有自助式觀念，至今變化並不大。除了成本額經長期經驗在細節方面改善了，原則上整個系統產生於一個在自然科學領域發現的原則：純屬巧合。

## 少一點總比太多好

緊急狀況或必須節省時得避免浪費，原則是：少一點總比太多好，所指的是資本、人事、和空間。「緊急計畫」的結果就是所謂的雅帝方針。由於上述原料缺乏的緣故，才有了這個觀念。不誇張，這是本世紀重要的零售商經營理念。

在這行的專業日用品雜誌，曾經是大賣場（AVA/Marktkauf，現在德國最大的零售百貨業之一，銷售額超過一百億）理事會主席卡爾・庫曼（Kral H. Kuhlman）發表對雅帝的看法：「雅帝是最成功的日用品零售店。」曾任爾特克食品業領事的迪特・巴德（Dieter Baader），德國日用品業著名的大老，在波昂科隆的行銷會議上也提到：「雅帝是西方最成功的行銷政策的果實。」

## 如同愛因斯坦般百試不懈

原則上雅帝並不具有特別的企業哲學或高超的市場行銷研究，而是適應市場競爭的條件。

該過程中所得出的理念通常會被徹底運用。最初的基本理念至今並沒有太大的改變，只在適應不同的內部或外部發展過程中一步一步的調整。所以在舊的及新的雅帝策略間做區別，如許多專業雜誌的傾向是沒有必要的。

雅帝技策是一個動態過程的結果，從機構本身，有意識或無意識的行為中自然成形的彈性策略。從一個小雜貨店發展到歐洲知名的零售企業。常如在經濟史上能觀察到的，成功並不總是起因於完美有科學依據的方法，而只是個不錯的企業經營理念，這理念會隨時間漸漸發展為成功的策略。雅帝系統不是偶然，而是亞伯列希特兄弟用他們「第一個地點很差的小店」不斷試驗銷售系統的結果。正如愛因斯坦在他的工作態度裡所提的：「我百試不懈。」

最近在雅帝內部和外部都有逐步轉型的徵兆。在雅帝嚴格遵守商品項目維持少項的原則的同時，拓展商品項目的政策也逐漸成形，特別是在北部雅帝。呆板死守原則的南部雅帝默海人則不想在政策上做任何改變。（默海是德國南部城市，南部雅帝的管理中心）

但其他帶來省思的變化也不斷發生。儘管領導企業的理念根深蒂固，企業仍會隨著決策及領導人員有所修正。現在雅帝也擁有一個與六〇、七〇、八〇年代經理人截然不同的領導團隊。近幾年來逐漸成熟的方法也不斷實施、修正，嚴謹的原則使成果更臻斐然。簡單、謙虛、細心與難以置信的貫徹性便是雅帝的本質。

提奧・亞伯列希特（Theo Albrecht）逐漸被他的兒子們所取代。他早期嚴格的紀律及堅守原則的領導團隊的隊員至今也慢慢失去其重要性。重大的改變對於雅帝，尤其是北部集團，意義重大，部份重要的改變會在本書適時介紹。

本書要探討的是，對雅帝或這一行其他企業成功較具決定性的因素，原則上是今日仍為雅帝奉行的觀念與方法。這些方法還非常現代，在許多企業或整個其他行業決定策略，以在世界市場具競爭性，也扮演舉足輕重的角色。很多企業在該行都藉由雅帝的方法達到頂尖的地位。

若同行的競爭者當時有注意到卡爾・亞伯列希特的經營方法，今天該行的整個商業生態可能就大不相同了。但一九五三年當時，甚至三十年後，都沒什麼人相信這個方法會這麼成功。一期家用品雜誌肯定地說：「很少有行銷方法分析如此徹底，很少有如此明瞭又開放的方法，可是又能將整個行業的企業起飛及整個企業成長相關的行銷要素如此表露無遺。」

但實際內容卻不僅是一個行銷方法。每一個想仿效雅帝方法的企業，很明顯會遇到瑪莉・易本那愛生巴赫（Marie EbnerEschenbach）曾提及的問題：市場上的仿效者，大部分都被不能模仿的部份所吸引。

若有人要複製這套方法，他會想要做的更好。但同時他也應體認到：光是知道雅帝運作原理太簡單了，這也是為何仿效會如此困難的原因。

## 原則秘方

其實雅帝並不是非常有名。由於機智的公司結構，雅帝並不具有公開結算的義務。公開結算的義務要在具有下列三項義務中兩項的情況下才成立：銷售額至少二億五千萬馬克、員工五千人以上、資產總額在一億二千五百萬馬克以上。用類似方法的企業還有如C&A，宜家（Ikea）及最近的美特洛（Metro）集團。這些企業，尤其是美特洛集團都和雅帝一樣，只用一個簡單的策略及其特有的企業結構，造就了成功之路。

許多報章雜誌在探討雅帝的成功，很多競爭對手、市場研究機構及行銷雜誌都嘗試在形象調查及專文上一探雅帝究竟。雅帝也可以充份利用這些報告。這些來自供應商的專文報導在有助了解其銷售市場、顧客及競爭對手的狀況，雅帝甚至不用自己掏腰包做市調。雅帝本身其實也不投資在市場調查上。在滿足顧客需求方面，雅帝總是直接嘗試新法。

捨棄公開結算部份是雅帝的企業政策，所以競爭對手並沒法取得資料。若一個企業公開它組織解決方案或者因為銷售提升引以為傲，或者對於低成本高效率的生產力有所報導，這無疑是幫了對手的大忙。因為他們可以利用這些資訊，改善其營運。這對雅帝來說只有缺點沒有優點，甚至對於那些不讀這些雜誌的雅帝顧客也沒有優點。顧客希望只是物美價廉。

## 歷史與展望

一九一三年卡爾及提奧‧亞伯列希特兄弟的父母在埃森開了一間僅占地三十五平方米的雜貨店。一九四六年後，兩兄弟服戰役歸來後，在埃森松貝克礦工區開了一間一百平方米的店。一九五〇年已經發展到十三個連鎖店，當時當然還有店員服務。卡爾‧亞伯列希特於一九四八年正式開始自行營運。一九五〇年產生了典型的雅帝政策，也是店營運的基本原則，少樣商品貨色及低價策略。真正現在所見的雅帝規模，開幕於一九六二年多特蒙，提奧・亞伯列希特創於北部，後來由卡爾接管。

一九六一年兩兄弟畫地分為北部區域與南部區域。「個別發展」優先於「集體發展」：也就是亞伯列希特集團關鍵性遵守的扁平化原則。扁平化的根本原因可能是捨棄在重要的、或非關鍵的問題上的步調永遠一致。但是北部及南部雅帝所有的資料、工作及成本訊息仍可交換，不同供應商的條件也可做比較，偶而也會統一採購。但每一組實際上的年度盈餘，兩兄弟則不加討論。

## 清楚的結構

雅帝的公司結構並不如所想的不透明，相反的，它的結構非常清楚簡單。

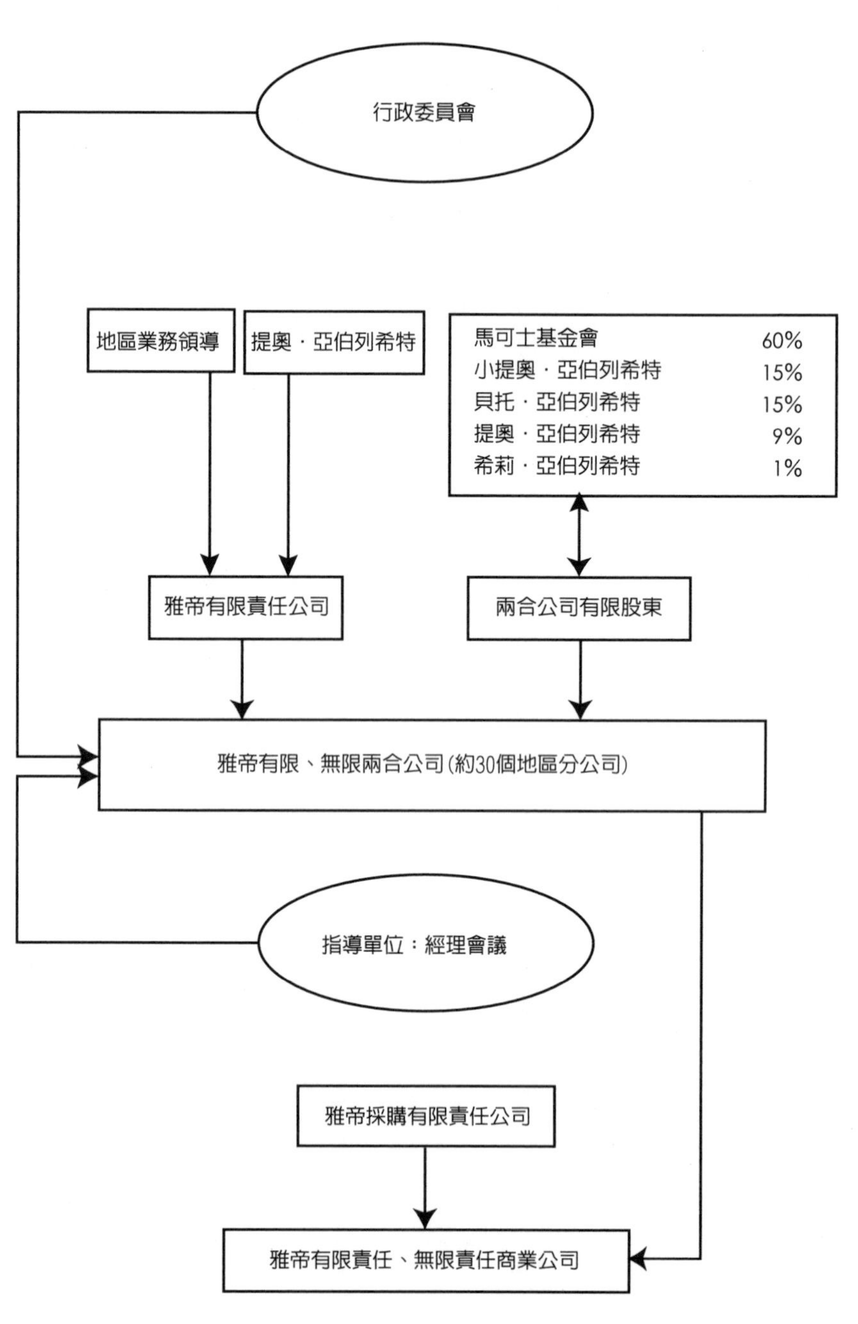

行政委員會
地區業務領導
提奧・亞伯列希特
馬可士基金會 60%
小提奧・亞伯列希特 15%
貝托・亞伯列希特 15%
提奧・亞伯列希特 9%
希莉・亞伯列希特 1%
雅帝有限責任公司
兩合公司有限股東
雅帝有限、無限兩合公司(約30個地區分公司)
指導單位：經理會議
雅帝採購有限責任公司
雅帝有限責任、無限責任商業公司

企業集團的框架及領導、監管部門即為管理參議會，這個參議會由獨立的自由從業經理人組成，這些經理人都曾任雅帝集團任一企業總經理且成績斐然。管理參議會成員並非主席團成員、集團內其他權責更高的公司或控股公司職員，它等於是集團國內外企業的監事會。每一個監事會的成員都是獨立的。雅帝結構的特色是沒有掌管其他公司的控股公司或總公司，整個康采恩集團是分布在各方面：如參議決策及公開資料義務，是相當一致的組合。雅帝康采恩集團並不是古典形式，所以也沒有集團理事會，這常是被工會控訴的原因。重要的這種結構是一種徹底的扁平化—也就是雅帝企業領導中心準則。

## 雅帝（北部）的公司結構

雅帝具有非常清楚的公司結構，現分別由北部雅帝三十個單一公司所組成。在公司基本結構上有少數重要的公司，如位於赫騰（Herten/Westfalen）和不來梅維和（Weyhe）的咖啡烘培廠、亞伯列希特房地產管理公司、A+G 土地仲介股份有限公司、雅發（Alva）保險等。設立咖啡烘培廠及生產亞伯列希特咖啡的構想，再次被證明了是值得並且令人印象深刻。雅帝藉由這個咖啡品牌，特別證明了它的低價位高品質。咖啡也是雅帝唯一自行生產的產品。

地產管理公司可處理雅帝各項地產事宜，保險仲介傭金可由保險公司收取。家族基金會是為了照顧家族的福址而選出的，原則上基金會不能解散，所以企業結構必須具持續的穩定性，而且獨立於家庭糾紛及解釋遺產分配事宜之外。有了家族基金會可避免多年法律程序後的企業解體。若有二個兒子要繼承遺產，則他們各有一半遺產的權利。但企業是一個複雜的狀況，不像銀行帳戶可以直接對分。因為家族成員—父母提奧和希莉及兒子小提奧及貝特霍爾德—只占有企業百分之四十的股權，所以企業主體是安全的。像最近漢諾威巴爾森（Bahlsen）餅乾廠的問題就可以因此避免。該事件在經過漫長的遺產解釋後才找到解決之道，該企業在美國的部份企業被分隔畫入遺產。

## 在德國的發展

很多人都在猜測，雅帝到底獲利多少。這幾年來，由於企業有愈來愈多的資訊逐漸外流，推測的數據也很接近實際數值了。力佛（Lever）公司在一九九四年的一份內部報告中指出，雅帝的利潤約占銷售額的百分之四點五，是其他競爭日用品業的三倍左右。總成本約暫百分之九，與一般超市的價差約為百分之十至百分之五十。

透由專業期刊公開的資料及其它公司的訊息，其實這些訊息也輾轉來自期刊，可大略描繪出下列雅帝的運作績效，其大方向比其單一數據更值得注意。

## 每月績效

每家店平均銷售額　DM 800000

| | |
|---|---|
| 每銷售平方公尺的銷售額 | DM 1700 |
| 每位員工的銷售額 | DM 200000 |

**成本占銷售額百分比**

| | |
|---|---|
| 店面人事成本 | 二% |
| 經營、管理及運送人事成本 | 二% |
| 店租 | 一% |
| 企業總成本 | 八・五% |

| | |
|---|---|
| **毛利收入占總成本（扣商品稅後）** | **十一・五%** |
| **獲利占銷售額百分比** | **三%** |

雅帝的績效清楚易見，它的銷售項目只有六百多種產品，美特洛及雷威（Rewe）一定有五萬種產品。從它最新德國銷售估計看來—雅帝三百億，雷威五百億馬克—雅帝平均每項產品銷售額為五千萬，雷威只有一百萬。

從其它角度來看也可得出類似的產品銷售額。

雷威日用品銷售額：

四百億馬克，二萬項產品＝每產品二百萬馬克

美特洛日用品銷售額：

二百四十億馬克，一萬五千項產品＝每產品一百六十萬馬克

這不是非常精確的計算，只是粗淺的描述。雷威旗下的超商有Minimal、Penny、Toom及HL和雷威本身，是德國最大的超市連鎖，就銷售量來看也是。但若只看單項產品的銷售額，雅帝則比德國最大的超市連鎖業多出五十倍之多。就連德國最大的商業企業美特洛，在日用品部總銷售額也只有二百四十億馬克，但要銷售一萬五千種產品。

雅帝現在可能沒有達到多年前百分之四的利潤水準，但是稅前仍有每年約十億馬克的利潤。雅帝利潤值很少強烈震盪，不像其他大企業如福斯汽車或賓士汽車，有時甚至還有數十億的損失。

但總括來說，過去十年雅帝的成績有漸差的跡象，競爭日趨加劇。儘管雅帝強力拓展非食品類的產品項目，產品項目也由六百種增加到七百五十種，北部雅帝在原東德地區的銷售額仍停滯不前。較傳統的南部雅帝，較慢引進北部雅帝早有的產品—冷藏食品、冷凍食品、非食品類產品等，銷售額小有成長。南部雅帝的產品項目約有六百種左右。

在設法增加利潤的過程中，人事成本也不可避免的大幅增加。主因乃在於非食品類產品的引進及商品線的擴展。

## 消費者及專業雜誌的好評

即使是行家也對雅帝傳奇般的在消費者評價方面的成功嘖嘖稱奇。一九九六年蓓姬特雜誌做的溝通調查指出，百分之五十五的德國西部消費者及百分之四十四的德國東部消費者對雅帝表示滿意。比較之下：雷威商業集團的滿意度只有百分之十五。對一個平實沒有特別裝璜的小店來說，這實在已經是個奇蹟了。受訪者中有百分之八十二及百分之七十一在雅帝購物，至一九九七年為止，德國銷售量最大的雷威集團，只得到百分之二十七受訪者的青睞。

消費者的評價也反應在消費研究協會一九九五年對雅帝的隨機調查中。部份結果節錄如下：

「雅帝是德國零售業領先的《名牌》。」

百分之五十六的受訪者在被問及購物的場所時，先想到雅帝。接下來的是易得佳（Edeka）百分之二十九，普路斯（Plus）百分之二十一，史巴爾（Spar）百分之二十，利得（Lidl）百分之十八。

「雅帝是顧客最信賴的店。」

被問及最值得信賴的購物場所時，百分之二十六的受訪者回答雅帝，易得佳百分之十三，普路斯百分之十，史巴爾百分之八，利得百分之六。

「雅帝不只價格便宜，而且物超所值。」

百分之四十六受訪者指出到雅帝購物的原因為「便宜」，百分之四十四稱讚雅帝的產品為物超所值，也就是品質很好的意思。

只有約百分之十的受訪者指出，名牌的產品太少，百分之八指出，選擇太少，百分之五到七的受訪者提出一些批評，可供整個行業參考的，如：「結帳的隊伍太長」、「店裡的佈置」、「貨品的擺設」、「工作人員的服務態度」。

「沒有明顯的缺點。」

只有約百分之四十八的受訪者指出，各個階層的人都在雅帝購物。其他的調查也再再確認了這個結果，如同顧客在購物時及在親朋好友圈子所能觀察到的一樣。有約百分之九十的受訪者認為自己是雅帝的顧客，其中百分之八十四屬低收入階層，百分之十五屬高收入階層。

「各個階層的人都在雅帝購物。」

這份調查估計了不同型的雅帝顧客比例，其中有家計人口多的、有孩童的家計單位、對價格較敏感的家計單位等約有百分之十至十五。這個「一定得在雅帝購物」的族群，一定會再增加。

「百分之十至十五《必須》在雅帝購物。」

市場有跟隨雅帝價位的取向，許多工業甚至將部分產品價位定在相當雅帝價格的水準。

「雅帝對日用品零售業的標價策略不無影響。」

一九八一年有些品牌產品價格幾乎是雅帝同級產品的二倍（貴了百分之九十六），一九九四年部份有名的產品價格仍是貴了雅帝同級產品百分之七十四。雅帝並沒有漲價，而是其它品牌調低了價格。

雅帝的說服力不僅僅在於，省錢是理智的行為。提奧・亞伯列希特說：「不跟錢過不去的人，都應該在雅帝購物。」前德國總理施密特（Helmut Schmidt）也這麼做。他在任期間一次在他位於布朗湖（Brahmsee）周末官邸與八大工業國財政首長的聚會時，人們可以從新聞畫面上看見，他的吧台上有一排雅帝自有品牌的產品。施密特本身也在諾托夫（Nortorf）的雅帝採購。雖然這段期間在雅帝也可以買到便宜的香檳及燻鮭魚，有部份顧客一如往常地表示，他們必須強調，他們覺得在雅帝採購並不丟臉。

不僅只在消費者的心中，就連專業界也對雅帝褒揚不已。在一份一九九二年公開於「經理人雜誌」（Manager Magazin）針對德國七十七個企業（其中包含七個德國最大的企業）的危機發生率的調查中，0為危機發生率最低，100為危機發生率最高，結果如下所示：

| | |
|---|---|
| 1. 德意志銀行（Deutsche Bank） | 30.83 |
| 2. 美特洛（Metro） | 30.83 |
| 3. 雅帝（ALDI） | 31.50 |
| 4. 雀巢（Nestle） | 33.50 |
| 5. 奧圖郵購（Otto Versand） | 36.00 |
| 6. 菲力莫里斯（Philip Morris） | 36.67 |

有趣的是，雅帝在某些範圍的評價極高：

業務危機（發生頻率最低）　第一位

市場危機（發生頻率最低）　第二位

財務危機（發生頻率最低）　第五位

在財務危機方面，上述結果可能還低估了。值得注意的是，雅帝多年來毛利都一直維持在十億馬克的水準，集團內還有許多自有資產及地產，甚至有人認為，雅帝極可能是德國擁有最多不動產的企業。至少可以確定的是，雅帝擁有的不動產不少。

近年來，雅帝在「經理人雜誌」每年年度形象調查評鑑中也有極佳的表現。一九九六年雅帝在全德經濟評鑑名列第二十一位，這還位於著名的德利銀行（Dresdner Bank）、安聯保險（Allianz）、聯合利華（Unilever）及埃索（Esso）之前。

## 雅帝與對手

雅帝如何發展國內市場及歐洲市場？雅帝並沒有藉由接管同業而成長。只有在少數國家藉由小型企業起跑，如南部雅帝在奧地利接手的好福企業（Hofer）及美國的賓那茶廠（Benner Tea）。北部雅帝則有荷蘭的康比（Combi）企業及比利時的蘭沙（Lansa）等。

雅帝在市場上的地位，一直不斷被競爭同業虎視眈眈。德國同樣具領導地位的同業尚有利得、芬尼（Penny）、聶圖（Netto）、諾瑪（Norma）、點子（Tip）和普路斯等。來自聶卡斯吾（Neckarsulm）的利得和史瓦茲（Schwarz），一九九六年歐洲的銷售額為二百三十億馬克，其中德國占了九十億批發銷售額，和芬尼／雷威銷售額九十億馬克，都為雅帝的勁敵。

原本同為批發價的競爭對手普路斯‧天格曼（Tengelmann），銷售額九十億馬克，也從批發價市場退出，轉型為小型便利超商，販售約二千種產品。天格曼試著與新的連鎖店立迪（Ledi）合作，開發一部份批發價市場。一九九六年立迪有約三百家店，和普路斯的二千三百家店相較，還算小巫見大巫。年前天格曼曾擬將立迪轉為可與雅帝競爭的批發市場。

批發零售市場在德國如雨後春筍般的蓬勃發展，可從店家數成長數據得知：

| | 一九七四 | 一九九七 |
|---|---|---|
| 雅帝 | 1000 | 3200 |
| 芬尼 | 60 | 2200 |
| 利得 | 10 | 100 |
| 普路斯 | 180 | 2300 |
| 諾瑪 | 190 | 1000 |
| 聶圖 | 0 | 600 |

批發市場在整個日用品市場約占有百分之三十的比例。根據德國零售業協會的資料，德

國一九九六年批發市場的銷售額為七百二十億馬克。九五年已有百分之八十八的居民在批發市場購物，九六年已成長到百分之九十三。在和雅帝有關的資料方面，一份報告指出，百分之七十二的消費者指出，他們至少偶爾會到雅帝採購。其他競爭對手市場比例表現則沒有那麼好：普路斯百分之三十三，利得百分之二十八，芬尼百分之二十三。

雅帝實際上的市場占有率—在相關市場上—約有百分之十三，這數值可能被低估了。

在德國整個日用品業活動的公司企業一九九六年的資訊如下：

整個領域銷售額　三千四百八十億馬克
其中最大的三十家　三千三百四十億馬克

整個日用品銷售額　二千二百六十億馬克
其中最大的三十家　二千一百七十億馬克

百分之六十的日用品銷售額，是由不同的貨品花色所創造的，雅帝也有實施的策略，也就是說：

雅帝相關的日用品銷售額一千三百六十億馬克
其中可比較的　九百億馬克

由此可得出德國日用品市場雅帝所占的比重：

雅帝在相關產品的日用品市場比重：二十二%

雅帝在可比較的貨品花色市場比重：三十三%

換句話說，德國市場有三分之一，在購買每一種可比較的產品項目時，都是在雅帝消費的。

這裡要強調的是雅帝在單一產品或特定產品群所占的市場比，以下有一些例子：

| 產品群 | 市場占有率 |
|---|---|
| 果汁 | 五十一% |
| 蔬菜罐頭 | 四十二% |
| 肉類香腸罐頭 | 五十% |
| 水果罐頭 | 三十% |
| 甜點 | 十七% |
| 乳製品及蛋 | 十五% |

## 有雅帝的地方，店面就爆滿

特別是在早期大力拓展設立店面的時期，特別是在小社區，雅帝常要和社區管理委員會抗爭一番。在新計畫設立地點時常與當地的小商店發生紛爭，在申請許可的過程中也問題不斷，因為當事的店主常常就是住戶委員之一。人們深恐雅帝強大的資產會毀了地方上的小商店，低廉的價格將迫使小商店無法生存。

隨著時間的證明，當初的疑慮都是多餘的，因為實際上的情形根本就和當初大多數人所害怕的不同，雅帝吸引顧客前往該地，由於它的貨品種類花色不多，使得剩餘的顧客湧向當地的小店，小店反而得以發展。競爭對手只須要花點心思適應，其業務甚至比以前更好。如同所有供應商問的：「為什麼顧客要來我的店呢？」所以肉品專賣店和蔬果專賣店特別喜歡當雅帝的鄰居。

這樣的發展也在媒體界得到廣大的回響。如哥司拉報在一家雅帝的開幕報導寫道：「雅帝市場的開幕就像磁場般帶動這個城市繁榮。很顯然的，雅帝的六百五十種商品，對於具有完整產品項目有三千至五千種一般零售超市，利大於弊。明星周刊更引用了易得佳漢堡中心發言人的話：「有雅帝的地方，店就爆滿。」

## 可預見的成長極限？

雅帝造就的數字，令人印象深刻。專業雜誌也不斷質疑，這個正面的發展是否會延續下去。很多人認為，再沒有改變，它的成果幾乎也到極限了。不只專業雜誌，就連競爭對手對此當然滿懷希望，希望一切很快恢復秩序，希望回復傳統的企業發展秩序，希望他們能挽回一線生機。雅帝若不想放棄成長，勢必要拓展商品，如：如其他同業般，要設肉品部門之舉。

雅帝數十年來也不是只做完全一樣的事。產品數沒有變多，但產品的組合卻配合趨勢走。從前賣的完整咖啡豆、絲襪、唱片，今天已乏人問津。而從前大有銷售問題的產品，如：乳製品、冷凍食品等，今日卻成為一定要上架的民生必需品。

過去十年來最重要的產品種類拓展行動，應該是非食品類及蔬果類的銷售了。這個改變要在銷售額夠大及運輸網便利的條件下才能成立。

直到前兩年，雅帝才在特別的狀況下，有了緊急應付措施。習慣成功的人，是沒法忍受停滯不前的。批發市場的競爭壓力增加了，越來越多新加入的對手，如：聶圖也壓迫了原有市場。這對雅帝的銷售成長有負面影響，所以北部雅帝原有的六百種產品得增加到七百五十種，南部雅帝在這方面的動作較慢。

就一家店一定會被另一家鄰近新開店影響到的事實—至少剛開始的時候，關於雅帝的市場地位及正向發展沒法維持的假設，被證明是錯誤的。這些假設僅僅是希望其他企業也聽專家的意見；而帶來喜訊的人，往往比那些強迫人思索、甚至反省的人，更得人心。

# PART 1 雅帝文化

## 節儉為領導方針，簡單的做就對了！

簡樸謙虛指的不只是捨棄豪華奢侈及地位象徵，而是一種待人處世的個人風格。雅帝在招新進人員時就會注意找優秀又謙虛的領導人才，才能適應公司文化。

# 企業文化是成功的基礎

「本質的東西是肉眼看不見的。」聖修伯里的這句名言，把雅帝的秘密表現得最透徹。店面陳設、貨品花色及價格都是看得見的，很容易就被競爭對手仿效了。但是也有很多是肉眼看不見的東西，那才是最重要的，可以用來了解雅帝成功之道。本章是有關雅帝成功故事的一些重要觀點：與企業文化有關的準則和價值。

在很多團體中，文化規則的總體的作用和法律一樣好—甚至更好。文化規則引導成員的思想、感覺和行為。它們通常會穩定地被傳給組織內新成員及下一代。人類一直在尋找方向，他們有時也會在不成文的規定裡找到方向。企業也可以在這些規則裡找到它特有的、不可取代的認同感。企業文化深植工作人員人心，也在公司產品可見。其實，僅是少少的幾個原則就能形成企業特殊的文化，帶領工作人員邁向成功。形式和價值確定了一個公司的性格。

這些形式和價值可以以官方或成文的形式存在，但也可以現存於該企業內，不成文地影響企業運作。企業會自行發展一個適合它的運作方法，明確地在其工作人員內建立一套價值觀，使他們明白地知道何謂「好」與「不好」的，「允許的」與「不允許的」，什麼是「值得獎勵的」及什麼是「會遭受責罰的」。

雅帝經理及大賣場老闆赫爾穆特•可威斯（Helmut Kohlwes）在德國商業會議曾被問及關於公司的文化，他回答得斬釘截鐵、誠實又實際：「公司文化，嗯，我們到底有那些？」

其實關於雅帝文化可提的也不少，只是雅帝工作人員若被問及這問題時恐怕也會有與可威斯類似的反應吧。

## 不成文規定

一個企業文化是活在實例與典型中，公司的創立者或所有人常就屬於這典型。提奧和卡爾・亞伯列希特就是樹立這企業文化的模範典型。雅帝無疑地保有其創建者特質，這也是為什麼模仿雅帝特別不易的原因。

在雅帝，文化價值與規則極少是死板的白紙黑字。唯一的例外建立在職位描述宗旨上：「領先競爭是經由極端應用經濟原則確立的。」因為雅帝只有不成文的規定存在，也就沒有所謂的違反「家規」的狀況。由此可知，即使是官方規則也很少會有違反「家規」的情形。雅帝無暇建立特別的生存法則，即使沒有成文的規定卻仍運作清楚。每個人都清楚地知道自己的方向。我當然忽略了每個人與人之間磨擦所造成的損失。在這一點上，雅帝與其它企業大同小異，在這個企業工作的人有他們自己的偏好與領導錯誤的時候。

為了穩固企業特定的文化，公司所有人及領導人所賦予的模範與實例格外重要。一樣重要的是，這些文化規則是否經常被提及（這文化不被有意放在某個概念下，大家卻仍奉守成規），更具決定性的是，一個企業的領導如何指引其注意力與活動。對於這樣一個實際的問題，我們不免要問：這些主題會一再的在會議規章中被提出討論嗎？它們的空間在那裡？領導階級在工作人員、分公司和部門的焦點在哪也很重要。這種控制形式對每一步前進都是個非常重要又實際的領導工具。這個文化的特有之處在於，這個主題不在會議中機械性的被置入，也不以某種監管形式出現。關鍵在於，這文化自然發生，就存在那裡，因為有一股壓力，有需要，有好要更好的狂熱，讓這些主題一再成為焦點。

在雅帝，會議規章及監管計畫反應大部分的「文化要求」。原因在於，成本意識常是實際的會議議題，因為它就是企業文化的成份之一。也許這是非常典型的文化：它就這樣產生，而且非常重要，日復一日。

「再也沒有比既有的企業文化更有效的領導方向了。只要有一個大略的方向，其餘的都可信任地交由分散的組織處理。協調及監管系統自會發揮功效。」

以上是管理專家克勞斯・道普勒（Klaus Doppler）及克里斯多福・勞德堡（Christoph Lauterburg）在他們著作「改變管理」所描述的。塑造企業遷徙，雅帝正是如此運作的。企業組織及分散的領導建立在這個文化上。其中包含簡短精確、每個工作人員謹守不悖的職位介紹；詳細的抽樣品管系統。這個前提下，協調是沒必要的。若雅帝的工作人員把監管系統視為廣泛的，那麼這個系統具有別於其它企業的範圍及品質。這個重要的領導課題會在「授權及監管原則」一節中深入探討。

## 實例文化

監管系統的本質部份為「文化監督」。這裡相關的是，是否在系統內的行動領導前進，領導人是否可以把價值與規則傳承給公司人員。在系統轉移時領導人被要求最多。可信度，也就是說與做的一致，就是秘訣所在。做就是指給予實例。眾人皆知提奧・亞伯列希特一進房間，若他認為房間光線已經夠亮，就會把燈關掉省電。一個小小的，卻很明白的實例。這實例要不是由於他及其他人在類似情況下也有相同態度，就沒有影響力了。

希內卡和巴托把這個成功的要素表達得既美又「非常雅帝」：

「透過教誨的路很長，又簡短又有效的方法便是透過實例。」——希內卡

「用實例永遠做得到。」——巴托・布列西特

一般來說所有的工作人員，特別是領導階級的人都能遵守本質的文化規則。這規則已經紮根紮得很深，只要一有原則之外的例子，很快就會被識破。

赫爾穆特・茂科（Helmut Maucher），長年擔任雀巢集團領導人，曾舉雅帝為例，提到一個企業的文化和其企業形象有密切的關係。不管如何，人們總會大略知道西門子、奧圖郵購或雅帝所表達的是什麼，人們自然而然的對人和其行為有特定的想像。

葛拉漢・西布魯克（Graham Seabrook），英國批發連鎖快省（Kwik Save）的老闆，提到了和文化相關的成功的關鍵概念：「我認為，文化是低價位日用品市場致勝的要素。高利潤的想法要轉換到以量制價的批發市場的確需要相當的適應。而有些人就是這個觀念轉不過來，因為他們是在別的文化中長大的。舉例來說，特易購（英國大型連鎖店）就證明了，沒

有負責人的完全信服，批發計畫是完全不可能發揮作用的。」

什麼是雅帝的典型價值與規則呢？依我深入的觀察，特別是與提奧•亞伯列希特工作十年所獲得的經驗，我接著會嘗試描述雅帝的企業文化。為什麼說只是個嘗試，是因為文化內的組成成份會改變，沒有人有辦法完整地或正確地指出，再者，這畢竟只是主觀的觀察罷了。我在個別事件對「文化相關」的理解，也扮演了重要的角色。另外要注意的是，北部雅帝及南部雅帝也有相異之處，雖然不一定是根本性的不同。

## 簡單為基本原則

甘地說「禁欲是所有藝術的最高境界」，「一個真正禁欲者不僅只是從事這個藝術，他更活出這個藝術。」所謂禁欲就是任何事盡量維持簡單。在雅帝的美德或文化成份中，我仍把這個要素放在首位：我認為簡單是雅帝最重要的特色。

雅帝所有的店都很簡單，裝璜也非常簡樸。連電話都可以不用，因為不一定有這樣的需要，更何況也可以藉此節省成本。直到設立了資料庫收銀機，電話才具有意義。員工休息室只擺了幾張桌椅，也沒有特別舒服。一個像這樣的工作場所或工作條件，不一定是員工所夢寐以求的。

在設立中央辦公室的工作崗位及塑造經營管理的工作條件時，這原則卻非常徹底的被考量進去。就連這裡也只用簡單合宜的家具。辦公室不一定非常豪華，管理委員會的成員也只開賓士車的入門級車款，沒有特別的配備，沒有金屬色拷漆，只有標準色系。好幾十年來這個傳統都沒有改變。儘管現在稍有改變，但這原則在未來仍具一定的影響力。

我們差點忘了，這裡關係到的是德國該行業最賺錢的企業。反觀那些競爭者領導人在辦公室所花費的部份，雅帝只花利潤的一小部份來做，由此可見，雅帝和其他公司的文化差異就一目了然。我想，這是成功的要素之一，也許不一定是最佳的解釋。

雅帝正因為它的謙虛閃閃發光，而這種態度配合了最重要的企業成份和它的商店。這裡從事著交易，大部份的工作人員也在這裡工作。我們不可低估了信賴在這裡所扮演的角色。這其中蘊含了和美特羅連鎖超市的類似點，值得注意。在美特羅，人們只有從外面就可一觀全貌：簡單合宜的購物空間，斯巴達式簡單的辦公室，就連經理級也不例外，老闆在杜賽多夫的辦公室比提奧・亞伯列希特的辦公室更樸素，員工永遠可以看到他，他的辦公場所只和員工的隔了一道玻璃牆。

雅帝從內到外都實行的簡單銷售方法：節省簡單的店面陳設，擺的也都是簡單的生活必需品。一直到最近較奢侈的產品如香檳或鮭魚也都只有在耶誕節前夕才供貨，其它產品重點則為罐頭食品、果醬、保久乳、洗衣粉、清潔劑和衛生紙。

## 節儉為領導方針

雅帝帶著深厚的成本觀念及節儉的原則。這一點我們可以在它的行銷觀念，及避免各層面不必要的開銷所做的努力看得很清楚。從提奧・亞伯列希特的行為也可看到實例，例如：他寫過的紙一定翻頁再寫；若室外光線夠亮，他一定把燈關掉；店內不裝設電話。像電話這種看來只是雞毛蒜皮的小事，放在帳單上時，結果就一清二楚了。我們假設每個店不必要的電話及員工私人的長時間電話交談，會造成每個店多出一百馬克的費用，這樣每年三千個店所花費的電話費就三百六十萬馬克了。

節儉原則不僅用於雅帝每日商店實務，也用於其它範圍。他們曾經嘗試將輪箍再切削，延長貨車的壽命，儘量減少新車的購買。在發展新的倉儲技術及貨物運輸時，節儉亦是最高準則：雅帝發展了一套系統，在中央倉庫實現了推高運貨車一次可以運送三個平台的技術。他們還與運貨人共同商量，研發了完美的紙箱尺寸，甚至放棄了傳統的規格尺寸。現在在這行，設計紙箱尺寸的行動有了個較科學化的名稱「有效的消費者回應」（與第三部之一節「不是購買方法，而是銷售方法決定成功」）。當然，所謂的零售店的會員制是否會增加不必要的成本，也是個問題。

這些都只是些例子，證明了這樣的態度深深地影響了其工作人員、領導人及各部門。每一項嘗試及方法都是領導思想的實踐，與它的企業文化緊緊相扣—節儉經濟、避免浪費、極度的成本意識。接下來的例子更詳細傳達了這種雅帝精神。

我在雅帝經驗過的最豪華的享受，大概就是到洛衫機指導關係企業的頭等艙機位了，要附帶說明的是這段航程有十一到十三個小時左右。雅帝創建人的家族成員，在這方面也都非常節儉：提奧・亞伯列希特一直到綁架事件前都沒有司機，開的也不是大型高級車。他的辦公室非常簡單，這裡幾乎沒有人能更省了。相較之下，許多其他企業的領導人則是該有的派頭，一樣都不能少。

## 內部培養的領導人才

簡樸謙虛指的不只是捨棄豪華奢侈及地位象徵，而是一種待人處世的個人風格。雅帝在招新進人員時就會注意找優秀又謙虛的領導人才，才能適應公司文化。

正因為一般人都愛虛榮，這種簡樸謙虛、苦行簡單的精神，只有透過個人成就上的驕傲，及與自己公司和其它競爭同行的相較，才得以維持。私底下他知道，他的成功是有另一種規模。

自我要求也是雅帝領導人必備的性格特徵，這也促進雅帝的文化觀。這特別適用於節省的領導原則，對外在公開場合的謹慎，對他人的公平原則等，尤其對供貨商。

對很多人而言，每天都要實踐這些原則，並不容易，有些人則根本做不到。因為這個緣故，很多人都認為要從內部培養領導人才。雅帝的領導人才大多是經過多年的嚴格基礎訓練，在不同的部門自銷售到倉庫都有經驗。現在的業務領導人就有昔日的區域經理、銷售經理、行政經理、倉儲經理及店長等。

他們熟悉店務，也就是最前線，在他們的工作過程內又融入了企業的文化成份。所以這種特色的領導人具有的意義就比一個拿著哈佛文憑的人更重要，也因如此，雅帝的領導人圈內沒有所謂企管訓練名校出身的。

「人和技巧必須相輔相成。」——羅夫·貝特（Rolf Berth）

技巧和個性是一體的兩面，習習相關。有些人就是只能實行有限的方法策略。雅帝策略非常特別，並不是每一個人都可以適應。企管顧問羅夫·貝特研究了很多公司發現，只有具一種特性的人能實踐特定策略。策略無法發揮作用、失敗及公司瓦解常是因為任務和人的不協調。我認為，雅帝正成功地達到了這種和諧的地步。

## 沒有喝采，沒有醜聞

曾任福斯汽車經理的丹尼爾·哥地佛（Daniel Goeudevert），以「如水族箱中的鳥」一書登上暢銷排行榜，在書中他為那些好高騖遠還沾沾自喜的經理人感到惋惜。頂尖的經理人想學政客利用媒體提高社會地位的危險是眾所周知的。

在雅帝的領導人圈內發生這種危險的機率不大。亞伯列希特家的人從不准公司的經理以「國王的新衣」中光著身子的國王般的姿態在公眾場合出現。他們自己以身作則，「富比士」雜誌曾提到，提奧·亞伯列希特深居簡出的程度連喜馬拉雅的雪人也比不上。

雅帝經理級的人物不可任意發表公開談話，是一項不成文的規定。與雅帝主題相關的訪談更不允許，就連有利公司或有廣告傾向的活動也不被獲准。這種活動不是雅帝的作風，公司所有人自己就做了很好的榜樣。定這個規定的理由是怕公司的人會告訴好奇的記者太多事。記者都具有很好的問話技巧。

我們仔細想想，那些領導人花了多少時間在做演講、做訪談、寫文章和參加公開討論會上?這對他們的公司有貢獻嗎?其實答案通常是：不。對銀行家、企管顧問或律師來說可能不一樣，因為他們的顧客就在討論會裡，就是觀眾。在真正的零售買賣方面，真正的顧客並不是這些討論會的訴求。那裡進行除了浪費還是浪費。這種情況下很容易把錢花在其他人或其它老闆身上。雅帝的文化及簡單主義造成的沒有個人或私人事務的風氣，可能使員工小有遺憾。大型聚會如耶誕節慶祝會或公司宴會都很少舉行。人和人的距離較疏遠似乎也是雅帝文化的一部份。

和雅帝相關的最精采的事件大概就是提奧・亞伯列希特被綁架的事件了。這是德國第一件具專業手法的綁架事件。

一九七一年十二月提奧・亞伯列希特被他赫騰（Herten/Westfalen）不動產公司綁架。下班後提奧・亞伯列希特正準備上車回家。當時他沒有司機，被綁之後，被囚在杜塞多夫。第一天公司說提奧因為流鼻水在家休息。這理由照理說沒什麼不對勁，但用在提奧・亞伯列希特身上就說不過去了。流鼻水對他來說已經很不尋常了，因為流鼻水就沒到公司上班，更是罕見。三星期後提奧・亞伯列希特獲釋，贖款七百萬馬克，這是德國史上已付的最高贖款。

自從一九五三年卡爾・亞伯列希特所發表的公開談話後，也就是我在導論引用的那一次，這個公司就沒有再發布什麼重大消息。

## 潛藏的成功

雅帝一直在「不透明的」同業競爭下發展。但它保密的功力極深，連專業雜誌也無法得知誰是雅帝領導小組的成員。日用品百貨業享有盛名的「日用品報導」到幾年前都還弄不清楚埃森和默海那個是北部雅帝和南部雅帝的中心。現在雅帝的知名度雖已提高，但在七〇和八〇年代，也就是雅帝成長最快的時期，雖然還存在許多錯誤的估計，但雅帝反而可從中獲利。至於仿效者卻常因媒體錯誤的報導走錯方向。

默海的發言—如南部雅帝卡爾•亞伯列希特所提的—甚至更省：當經濟周刊詢問到貨品測試基金會測試洗衣粉的測試結果時，雅帝書面回覆說：「本公司原則上不對外公開任何數據及其它資料，謹致上親切祝福。」

在一些特殊的狀況下，與整體員工有關的事務才會列入公開討論。如二十年前因為提奧•亞伯列希特被綁後引發的重新設計收銀台的討論。當時收銀員還得把貨物從購物推車搬到收銀台重新包裝。收銀員每天一手要運好幾噸的貨物。這件事引發輿論的激烈批評，連工會也加入戰場。雖然討論沒有確實觀察到工作環境，雅帝在嚴格的考量後倒也決定要改善工作條件。

經過長時間的考量及來自輿論的壓力，雅帝引進收銀台的輸送帶來減輕收銀員的負擔，也順便加快結帳的速度。我認為，從這些討論工會和雇主都學到，公開合作才能找到又快又好的解決方法。

在與大眾媒體的相處方面，尤其是和專業雜誌方面，雅帝的格言是：「我們所做的，都是為了我們的顧客。所以我們不需要那些好奇的競爭對手才讀的刊物。在那裡，我們所說的任何話，都可能被對手利用。就連這裡，簡單主義所扮演的角色也不小：真正要做的是，對於達成公司目地的重要事務。剩下的就是努力工作的榮耀。這裡有個根本性的動機。沉默不語不分心，效率更高。這種風格獨特的成功及嚴厲捨棄媒體是雅帝的兩大特色。

這種謹慎態度所帶來的另一項成果是：那些想模仿雅帝的公司無法得知雅帝真正的實務操作，他們做了很多他們認為更好的措施，結果卻是更糟。直至今日，經過許多錯誤嘗試後，利得公司幾乎完全模仿了雅帝所顯現的外部實務。就連地磚及大排長龍的景象也很「雅帝風格」。只有商品策略上利得還有後補需求：商品策略才是我們要抓好的，光是模仿一家公司完美的方面是不夠的。簾後的秘密及不屈撓的貫徹性才是成功的不二法門，肉眼看不見的文化更具影響力。

## 沒有操控，不耍技倆

雅帝在稅務方面及法律事務方面自由空間清楚可見。他們從來沒有試圖鑽法律漏洞。若公司自己不能以身作則，又如何要求公司員工守法呢？

雅帝奉行工作法。在有些與公司顧問較費心的法律詮釋方面，指導者的支持下，或者在工作法庭前，雅帝總是試著要實施工作法。只要不扯上無望之爭前，我都認為這樣做是正確的。這裡有個實例：售貨員獎勵制度是根據該分店每月業績，也就是總銷售除以工作時間。成績越高獎金也就越高。其意圖是將請病假的人員部份排在獎勵制度之外。但若有人缺席，被獎勵的不謹是有上班的人員，就連生病的員工也間接獲利，因為在請假天數不多的情況下，雅帝不會遞補工作人員。雖然雅帝試圖反對生病反而會多賺的荒謬觀念，這件事情卻證明雅帝失算，這也是確實計算過，不耍技倆。

另一個例子是長年來一直討論的兼職人員的工作。工會稱雅帝的工作人員為零售店的「應召女郎」，因為他們若需要人就電話通知兼職人員。這種配合業績的人員分配制被工會稱之為「資導變工時」：資本引導的變動工作時數。每一個公司都希望成本配合銷售，是合法也必要的。雅帝也成功地維持這個規則，雖然抗議不斷。這個爭執在雅帝與職員協商時起了一個正面的作用，保護分店及地區工作人員免於「隨傳隨到」之擾。這樣一來就沒有煮飯時忽然被傳喚工作的問題了，因為分店要排工作人員的班表，讓兼職人員也有安排時間的方便。

這就是說，工作人員台面下遵守在契約上、法律上、費率上的決定，而且填補了其他公司礙於各項社會及保護法難以實施的過程。如前所述，雅帝試著藉由獎勵制度影響病假的情形，卻由於法律上站不住腳，只好枉費制度發明者的創意，就此作罷。

# 公平的交易關係

雅帝最重要的基本原則之一是公平交易，謝絕廠商送禮或請客，即使這可能讓很多人抱持懷疑的態度，因為刊物上經常用苛刻的協議、權力運作及惡性依賴等話題大做文章。其實那些只是部份專業人士的推測及那些商品品質太差的被拒絕往來戶的控告。同業資訊「號外」用一個句子就把這種情形描述得非常貼切：「亞伯列希特不只是付錢找一個準時交貨的供貨商，而是在找一個可靠實在的交易伙伴。」

評價伙伴的原則之一就是不賄賂。若這被視為理所當然，那我們應該還可以注意到更多的細節及不同之處。一瓶好的香檳做為耶誕禮物只是小小意思？為何不是每個售貨員拿到一瓶，而只有負責採購的人拿到呢？每一行的人都知道，供貨商為了討好採購人會要的花招很多，離譜一點的還會買輛福斯敞蓬車或送採購人與其家人到葡萄牙渡假。

這種行徑在雅帝也沒法避免。我們必須想想，雅帝中心每年採購量為二十到五十億馬克。這對每一個供貨商來說可能是好幾千萬的生意，那些小禮又算些什麼？這種危險對每一個公司來說都很大，賄賂及受賄的情形防不勝防。雅帝也曾出現過受賄的案例，這些工作人員馬上就被請走路了。我在土耳其做事的期間就有機會拒絕一個免費的三周行程看亞特蘭大的奧運，那是著名的飲料商想藉此給顧客留下一個好印象。

但是決策者如何保持中立又不失人情呢？在雅帝有個清楚的規則：可以從供貨商那收的

最大的禮就是一本年曆。其它的一概不准收下並退回供貨商，還要請他們諒解。飯局當然也不能接受，若非品管需要，也不可參觀供貨商工廠。

## 顧客可以絕對信任

「利人的人也就是利己的人」—希內卡

顧客導向是行銷及進階企業政策的關鍵字。較流行的經理人用語如「顧客化」、「顧客管理」、「有效的顧客回應」、「顧客焦點」、「顧客滿意度的收益值導向管理」或「顧客關係管理」。

幾乎每天都有新的字出現。其實這還不就是經濟運作古老的「智慧」，用一句簡單的話就說得一清二楚了：「顧客皇帝大。」生意就是來自有權決定買與不買的顧客。其實這個簡單的規則就可以做為指導原則了，但是專業報章雜誌卻用了一大堆新術語大做文章。我們有必要看看雅帝的實務運作情形。

## 最簡單的也最困難

顧客導向當然是最簡單的了，一個企業不以顧客為導向要以什麼為導向呢？可是我們一再的確立：

最簡單的也最困難。

結果那些企管顧問公司就從那些不安的企業領導人身上藉著大談「Clienting」大撈一筆。所謂的「在關鍵的管理方法內加入親善顧客的因素」大行其道。A.T. Kearney顧問公司還發展了稱為「收益值導向的顧客管理」的方法。

為什麼顧客導向這麼複雜，連經驗豐富的經理人都沒法處理？是意圖不夠強烈還是銷售前線的執行意願太低？顧客導向只是每個人掛在嘴邊的話？缺乏顧客導向的企業日常運作常會在走向現代領導原則路上，碰上理論上非常好聽的知識方法。這裡說了那麼多就是要表達一個簡單的想法—中等質量的可靠象徵。「顧客滿意度的收益值導向管理」的必要性建立在「全球化的力量及高科技的進步」之理由上。同一個作者還提到，理性化及產品的改善潛能使顧客產出率下降。

「顧客產出就是在顧及與顧客個體的關係及對話過程層面時，付出與能力交換與淨利的差值，而且可證明顧客關係的獲益值。收益值導向的顧客滿意度管理焦點在於可估計的未來，也就是說，潛在的顧客關係收益值，考慮基於顧客目標及滿意度之有系統、有目的和顧客專門的關係與對話過程的設計，反過來是顧客滿意度分析導出來的。」

在雅帝從來沒有人會去努力想這些。因此我們省了很多時間，可以把頭腦空出來想重要及實際的問題。若把時間花在「基礎的」及「偉大傑出」的知識上，不曉得雅帝會變成什麼樣子。

雅帝過去和現在之所以成功，就是因為它專注在簡單的事情上。「回到最基礎點」，就像湯姆・彼得斯（Tom Peters）及羅伯・華特曼（Robert Waterman）在他們「追求卓越」書中所支持的。實際上一切都很簡單：只有把東西銷售給顧客，才能把付出的收回。顧客是所有財物的來源，他們付員工薪水、他們付供貨商的帳單、他們付繳給國家的稅。除此之外，他們還帶來利潤—希望如此—讓老闆和持股人從公司那也找到些「樂趣」。

費德蒙・馬立克（Fredmund Malik），聖加倫大學企業領導系教授，在一九九五年現代市場學的年會上提出了一項要求，這項要求實際上回答的很多基本問題：

「充份利用顧客資源，別再專注於提高獲利這件事情上。」

—費德蒙・馬立克

## 了解顧客需求的捷徑

但是顧客到底需要些什麼？我們從何得知？為了一探究竟就連最紅的經理人也得從寶座上走下來，到店裡看看。市場研究和「尼爾森指數」也幫不了什麼大忙。測試、問卷、看、聽顧客的需要、或者自己當一次顧客，這些才有用處。評斷自己公司能力的最快方法就是買買自己的產品。行動上來說：自己去買，要做得像真的一樣，在家寫好購物單，走到一家不會被工作人員認出是老闆的店，自己當顧客站在架子前，才能觀察到重要的細節。做這件事，不需要有任何系統也不需要委託其它公司的採購團。就連銷售經理夫人代採購也不行，一定要銷售經理本人。這合乎雅帝的本質再也不過了：沒有比這個更簡單的事，去做就對了。在去找專家建議前，自己當顧客極盡所能的到各個店去觀察採購的經驗就很足夠了。

舉些小例子，也許很多人也經歷過這樣的事：我買了共三冊有關伊斯蘭世界的書，卻把第二冊忘在飛機上了。於是我想補買這一本。漢堡的海曼書局，也就是我買書的地方，卻告訴我不能零賣。我不想因為丟了一本書，就買三本價值九十馬克的書。書局告訴我，也許我可以問問赫德出版社能否網開一面。二星期後我收到我丟的那本書—免費的！另一個不得不令我印象深刻的例子：巴特賽格堡的傢俱店在家具賣出的兩年後還運送單一的沙發墊，不需要任何形式上的填寫單據，而且免費。這位顧客在買的時候並沒有注意到有缺墊子，因為那組沙發看起來很完整。後來他又看見同一組展示品，才知道有東西有少。公司就這麼簡單地基於原則相信這位顧客。這就是具體的顧客導向，而顧客關係就是這樣產生的。

像這樣的例子還不勝枚舉。可惜也有其它的例子。有一回，我在漢堡的一家賣行李箱和袋子的店，想買目錄上一個特別的狄賽牌袋子，但這個袋子並沒有貨，而他們也不想進貨，原因是：「到時候又只是堆在這裡。」最近電信局午夜一點後有將近兩個小時的時間沒辦法設定**Morning Call**，電話語音的回覆是所有的線路都忙線中。或者我們可以猜測，這只是省錢的一個方法。有些家具店送貨時間要十四個星期，運送一個組合的架子得等上十個星期到十二個星期。在工業方面人們所談的卻是「及時送達」的運貨時間。這種發展正造就了宜家家具的成功。然而家具業卻抱怨銷售降低。我們還要談「顧客滿意度的收益值導向管理」嗎？一個企業只要把最平常的事做到好就已經成功了。

## 將理所當然之事做好

不尋常的事，一點用處都沒有。成功的時裝業茵普黎以它的服務著稱。它的所有人及經理艾德加・洛森柏格（Edgar Rosenberger）提到他成功的原則如下：

「最好的服務不是那些千奇百怪的花招，而是真正實踐。」

雅帝的成功大多是因為這種密切相連及理所當然的顧客導向文化，去做就是了。我在雅帝工作這麼久，還沒有遇過刻意與顧客興趣背道而馳的情形。

另一個例子是我在斯列司維霍司坦任業務經理之職時，提奧・亞伯列希特來訪，我們驅車去某一家門市。提奧・亞伯列希特發現架上有一包被撕開的火星牌巧克力—通常一包三條裝的巧克力售價是九十八芬尼（一馬克等於一百芬尼）。他拿了其中一條去結帳。收銀員非常驚訝貴客來訪，索價五十芬尼。正當提奧・亞伯列希特疑問之時，收銀員回答說：「亞伯列希特先生，這是對公司有好處的。」您也許是好意，但可別犯錯了。九十八除以三是多少啊？您可惹老闆生氣了。他後來詳細、寬容地解釋給這個收銀員聽，若他身為顧客遇到這種狀況會怎麼想。

對工作人員來說，還有什麼規則和價值比公平合理對待顧客更適合當領導原則被接受的？簡單、明瞭、理所當然、道德的又有意義的。清楚具體定義的能力、可靠值得信賴等是新現代顧問及行銷宗師的關鍵概念。

## 誠信可靠

誠信可靠是人與人相處的關鍵，尤其是與自己的員工、供貨商及顧客更應如此。雀巢的老闆赫慕特・茂歇（Helmut Maucher）提到，「誠信可靠，就是言行一致。」。這一點，雅帝對它的顧客做到完美的地步。

雅帝堅守這個原則，好的產品及最好的產品用最低的價錢出售。顧客應該也可以完全信賴這些產品。最後—和競爭對手的產品完全相反的—顧客可以完全不比價了。顧客知道，他可以買到好的產品，而且沒有別的地方可以更便宜了。剛開始，他得忙著比價，漸漸地他知道可以完全信賴。雅帝貨品花色少的經營政策使得品管及價格較好控制。

雅帝逐漸成為顧客可信賴的商店，因為它言行一致，廣告和事實也完全一致。顧客從不懷疑，因為他也沒有失望過。舉例來說：世界可可價格普遍上漲時，有供貨商建議，把一盒三十顆巧克力球中間的可可餡減量，好讓價格維持在三馬克以下。雅帝理所當然拒絕這個建議，把價格提高為三點一五馬克，就是這麼簡單。

一九九六日用品雜誌年會時，在關於德國批發價市場的報告方面，雅帝以三十年來穩定的價格水準得到認同。這對顧客及供貨商來說真是「可預計性」的象徵。

## 徹底的品質及商品政策

在顧客興趣利益導向方面，最高準則就是好的品質，這一點在徹底持續的商品政策上一覽無遺。舉例來說：雞蛋在運進雅帝的中央倉儲之前，都會用專門測試蛋的機器檢驗過，利用穿透科技可確保蛋的新鮮，並檢驗出蛋是否有沙門氏菌的感染。其它的公司甚至不知道還有專門檢驗蛋的測試機哩！加上雅帝的運輸速度非常快，雅帝蛋的新鮮度可有保障。

除了本身市場的不斷嘗試、與領導市場的比較，及實驗室測試，雅帝也有實施好幾十年的密集品質政策—「ISO 9000」及「完全品質管理」（TQM）在當時還不是很流行的字眼。雅帝的品質政策有清楚誠實的產品展示—姑且不論這聽起來是不是佔優勢的。

但雅帝偶爾也會有例外的時候：雅帝利用顧客也分不清楚「Gordon Rouge」及「Goldon Jaune」的特點。雅帝賣的是「Goldon Jaune」，一種釀造比較便宜的白蘭地酒，這樣產品是雅帝獨家代理的，其它的店相對的就得賣紅標的、較名貴的白蘭地酒。產品展示雖沒有賣假貨，但故意模糊標明不同之處也算是一種「疏忽罪」。

在完全的顧客導向方面，很多德國的經理人都奉行費德蒙・馬立克所推薦，亦是雅帝謹遵的原則：單件收益、絕對或部分總收益及供貨商提供的廣告補助應該不是最重要的選定商品原則。所以應該避免讓供貨商左右，把店面擺滿了與有意義的顧客導向政策矛盾的商品。供貨商提供的折扣要相對顧客需求仔細衡量。

雅帝的競爭對手多是供貨商取向，所以他們得為許多不能預料的高缺失負責。吾佛・羅斯曼尼特（Uwe Rosmanith）曾提到「很多企業的購買重擔」。許多時候不是因為商品本身的緣故採購，而是為了廣告補助、退貨及折讓。這種實務可以在購物架上解讀：同一個供貨商，可提供顧客也分不出來的，七百五十克及八百克裝的玻璃罐香腸，而且這種產品充斥市面。「購買重擔」逐漸威脅企業管理的顧客導向政策。

## 索賠處理

有誰不了解顧客索賠之苦呢？雅帝清楚地意識到，重新調配常是問題重重，只有靠清楚的解釋疑點可以避免這種情形。所以：雅帝原則上接受所有退貨，只要是顧客有所不滿或是沒有完全滿意，顧客可以選擇換產品或是退貨款。任何須要面對這個規則的人，都會怕顧客會利用這個機會，門市會遇所謂的判斷空間問題，雅帝另有規畫。原因之一是，顧客真正利用這個機會的案例少之又少—我想其它的各行各業應該也大同小異—另一方面雅帝已杜絕判斷空間的可能性，在雅帝門市嚴禁回絕退貨。若有濫用退貨權的情形—舉個較經典的例子，一瓶香檳被喝到剩下最後一丁點才被拿來退—退貨人的姓名和地址會被記下來，並被告知，區域經理會評斷該案，及時通知退貨人。這樣一來，就可排除工作人員在門市的恣意行為了。

日用品雜誌數年前刊登了一則有關雅帝企業結構特別報導，轉載如下：

### 南部雅帝簡單且貼心的處理過程

法蘭克福，十月二日。這種事情令人氣憤不已，但是這種事情確實會發生。在南部雅帝維斯巴登門市買的行李箱，在第一次出公差前就會壞了，齒輪鎖整個掉出來了。

當事人打了電話給雅帝在摩斐登的分部，尋求解決之道。雅帝那邊傳來的是親切的工作人員的聲音，詳細地寫下了事由，把電話又轉給另一個小姐。T小姐也非常熱心，告訴他可以把箱子退回，取回貨款。但雅帝另有「服務處」處理這類狀況。T小姐要替當事人找服務處地址，可是沒有馬上找到。二十分鐘後，她回電告知地址：漢堡的達里歐公司。此時就連當事人都對這位小姐態度印象深刻（儘管在店裡沒有體會到顧客為上的感覺），照她的建議，把行李箱寄到漢堡。達里歐公司負責郵費，再看怎麼處理。

即使這個建議聽來挺不錯的，但當事人仍選了比較簡單的方法─直接退回雅帝門市。他非常驚訝，在美因茲街的維斯巴登門市，處理的時間竟然這麼短，沒有收據的情形下，門市經理也馬上接受退貨。「這多少錢啊？」因為剛渡完假回來的緣故，門市經理自己也沒概念。當事人用不確定的口吻說「好像是二十九點九馬克吧。」雅帝人員信任他們的顧客，馬上退款。

德國的服務─可以報導這類事件真是令人愉快！

## 著重細節：每天一點成果

一個像雅帝這樣強烈價格傾向的政策，需要對細節有興趣的工作人員來支持，而不是反覆鑽研二○一○年行銷策略的人。這種興趣，正因公司沒有參謀部而獲得支持。在雅帝有很多工作人員，有所謂的在線上從事「例行事務」功能，另外還有其它有趣的任務，這些任務在其它公司都是參謀部的工作。雅帝倡導「豐富工作」政策（豐富工作崗位及工作性質）。

只有在實踐的時候會發現人員缺乏或人員阻力的問題，所以重要的是，如何把一個公司變成「有實踐力的公司」。機智的準備工作，以及相關的領導及實務的工作人員一起參與，能夠保障成果。雅帝不斷嘗試，測試，及徹底簡單的規畫。好的經理人知道，若一開始每個工作人員就參與日後計畫相關的改變，並能夠處理解決問題及決策的過程，計畫或方法的實踐已經成功一半了。這原則沒有定下限—就算是作業上從事簡單工作的工作人員也可以參與。

根據我的經驗，公司及工作人員早就具有必備知識，集合來自每個個體的思想精華、事實、創意、經驗及知識之眾工作人員智慧的力量是非常驚人的。只要有一個組織、一個情境、及一種文化，就可以挖掘這個寶藏。企業內部的經驗會傳承給新人，對細節的興趣若存在，成功自會顯現，而這更提高動力，因為成功是動力的最大來源。

有許多情況都只是有關「純手工的」解決之道、或可以馬上試驗的實際想法。學者及顧問只有在處理企業基礎問題及特殊案例時才派得上用場。不然的話：

「從小處著眼，才能從那裡改善起。」——艾立希・凱思納

在現代管理術語叫做「各方面不斷改進」（即日文「改善」），福斯汽車稱之為「持續的改善過程的平方」，福斯的經理因那其・魯培茲（**Ignacio Lopez**）就是以這點聞名的。現今奉為新貴的觀念，在雅帝是老掉牙的智慧，這些智慧在穩定的文化下，不斷的藉典範和實例更新。

舉兩個例子：雅帝引進貨車車程記錄器，記錄貨車擋板的開關次數，這樣一方面可以計算生產力效應，也可防止違規的上貨或卸貨。另外，雅帝研究紙箱的裁線是否利於在店面打開。

## 提奧·亞伯列希特勾繪店面佈置

若一直想成為建築師的提奧·亞伯列希特手持工具替新店規畫店面設置時—幾乎都比店經理更能找出好方法—雅帝就不只有省錢了。這種參與實務的方式，深受提奧·亞伯列希特的喜愛，而且他就是有這雙「巧手」。問題當然是，我們是不是該給老闆其它的重責大任。總之，提奧·亞伯列希特舉了個有關雅帝結構文化的例子：可以改善生產力和效率的細節工作。他所樹立的典範，更間接激勵了員工去想解決之道。地區銷售經理要決定店面陳設時，也可以請提奧·亞伯列希特幫忙，把店面佈置畫得更好。成功就在小地方。

## 從高台到店面內部

雅帝的業務領導見樹也見林。在實務上，這代表了不僅是行政委員，還有業務領導人都很關心店裡的蛋的新鮮度。對細節的關心，就是身為經理也要到店裡走走，研究公司的每一個角落，抓住不同的層面，找出做決定及解決問題的方法，並加以實踐—從嘗試、測驗及實行找到解決之道。

經理本身要樹立典範，這是他最重要的工作。身為行政委員時，我當然也因地區品管職務需要，參觀過門市。重要的是，我每次都會花個幾分鐘的時間，仔細觀察工作人員的工作狀況。這裡重要的不是某個特別的工作人員，也不是他的能力，而是這個工作的意義，及這個工作是不是可以有效地、經濟地運作。因為到處都有改善的可能性，可以在某一家店改善的，也就可以運用在全德三千多家店。

離開管理階層的高位，走入基層，常比談大局哲學、二〇一〇年行銷術、閱讀厚厚的行銷參謀及企管顧問報告等還費力。細節工作使地方作業透明可見—這也是不可缺的實務工作。少一點階級觀念有助於走入基層。二〇一〇年發展當然也要想，但像基層從事實務的人也要列入策略考量，才可以正確的預估日常業務小節。

著名的成功企業整頓家曾說：

「領導一個企業就是強烈專注在事實與操作上。」——卡優・紐奇樹

這一點諾瑪公司體認得很清楚。它仿效雅帝多年，非常成功。但業務推展不易，所以它聘了雅帝有經驗的經理。他們會幫忙設計操作，因為諾瑪由創辦人一手領導，權威文化味甚濃。成功的重要原則是，公司代表團的原則要像雅帝一樣實行，這一點在第二部會詳細探討。

就連利得超市，批發市場上強力的競爭對手之一，也因曾南部雅帝經理的加入，有如打了一劑強心針。他們可給過去的老闆帶來了很大的難題。

## 關心細節還是僻好規則

過度注重小節也有缺點，太深入事情反而使官僚流程更形於誇張，簡單的一面也易消失。自然而然會隨時間增加，因為舊的規則留在那，像國家法律一樣被維護過度。

這種危機在雅帝發生的機會卻少之又少，它有專人做這些繁雜的文字工作。雅帝的經理任務就是把和實務相關辦公室工作做好。

但雅帝也有官僚的問題—奧・亞伯列希特所領導的北部比卡爾所領導的南部嚴重。這種二分的「官僚主義」的原因是，人員的不信任及領導團隊的組合。南部沒有一般評判或報導關於領導階級參訪門市事務。南部一直都比北部「清寒」一點，舉例來說北部雅帝有非常詳盡的職務說明及工作指南。業務會議和管理委員會議也會討論諸如「冰櫃清潔」、「房屋仲介」、「警告售貨員」等事宜。管理委員的「高峰會議」也會討論「招雇印刷員」、「外國審計費用」等事項。「門市經理審核表」含蓋了六十四個問題，收銀員的工作報表有八頁之多，儘管雅帝的門市管理比一般超市簡單多了，但售貨員的權限範圍規定得非常詳細，好的「哈茲堡模式」過度使用，這一點會在第二部有詳細的說明。為了避免存貨損失，有一本三十六頁長的準則。就連「一般業務指引」也充斥太多小節及定義。

其實被列出的每一點都有它的必要性。但是其中就隱藏了官僚的危險。如果雅帝的工作人員不小心稍偏離正軌，就得面臨難題。雅帝的工作人員也大肆批評「官僚式的準則」及雞蛋裡挑骨頭的小節。例如連門市辦公室的書桌秩序都要規定，那個抽屜要放什麼，紙要放那一格等等。複雜的獎勵規則對區域經理來說官僚的成份比實際用途還大。過多的因素及變數混淆實務，不合事實。領導性職位的資訊目錄，也就是職務描述的補充，真的是過度官僚的表現。這本資訊目錄的主要目地是提供每一個工作人員所需的資訊。「一般指導原則」內對提議、指示、資訊、職務及控訴都有清楚的定義。單方面來看，每一個規定都有它的意義，但整體來說，它所來的負擔大於用處。

對官僚的批判來自實務，依我的經驗看來，來自實務的批評多是對的。雅帝遭受異議的一點就是管理委員會──「管理的最高單位」。這理牽涉到──很多企業也有這樣的問題──內部顯現在指示風格上的權力鬥爭問題。

每一個管理委員會的委員有他對某種特定管理方法的偏好或成見。然後就看誰達到目地了。如果是贊成官僚式或不信任原則的管理委員的意見得以貫徹，一大堆規章就會相應出現了。因為管理委員會不願把意見分歧提到業務領導人委員會議解決，最後就會只有一種聲音。接著就算其他業務領導人有好的意見，實施的機會也很渺茫。這在雅帝集團內是個逐漸擴大的問題，可能會有損雅帝的企業能力。

## 不畏日常誘惑的一貫性及嚴謹系統

很多人──經理人也是──反覆無常。這該如何解決呢？答案很簡單，堅持好的方法，嚴守正確的原則抵制誘惑就對了。結論就是：好的方法不要改，跟隨下列原則，如諺語所說的：

「製鞋匠，好好幹你的活就對了。」

雅帝就是一直遵守這個原則。舉例來說：雅帝自產的產品一直侷限在烘培咖啡，不像德國其它消費品業或美國的 A&P 超商，自有品牌的產品多達百分之八十。

雅帝拒絕其他企業領域的誘惑。如：擴充產品種類、收購其它企業、基於供貨商優惠的採購決定。多年來一直不進問題重重的蔬果，拒設門市電話—這情形一直到有技術需要才解凍—反對操控產品品質，拒租所謂的熱門店面地點。這種一貫性需要有嚴格的風紀，這種風格瀰漫整個公司及工作人員。

另一個頑強堅守原則的實例—有時簡直是到了僵化和盲目的地步—就是引進奶油的例子。奶油算是冰櫃產品中很重要的產品，卻因為可預期的容積問題及幾乎沒有獲利的考量，一直沒有引進。這實在是有反顧客導向原則。就連要在條件完全不同的荷蘭引進，也遭受拒絕。

批發市場的強大競爭也在一直遙遙領先的雅帝組織內引起騷動。所以也沒辦法不引進奶油銷售。另一方面來想，不賣奶油確實有違顧客導向原則。像鹽也不是雅帝有限產品種類的考量產品，但是還是要進，因為它是顧客日常所需的產品。

雅帝嚴守著不拓展產品種類的紀律，多年來沒有增加半個產品。在一份雀巢公司做的報告中說到，「根據頂尖經理人的問卷調查，雅帝應該會邁向全產品線的經營。」有些競爭廠商的確是朝這個方向走了。他們以批發起家，因為不滿成果，就不斷的擴充產品，如瑞士的丹內批發超商，就曾把產品擴充到三千多種—現在又逐步減回一千多種。

雅帝的經理人並沒有比較能幹。競爭對手裡一定有能力相當甚至更強的經理人，但他們也都有人性的優點和弱點。雅帝的經理人的確有合乎其企業文化的人格特質。無疑地，關係的壓力和公司組織秩序也對他們的態度有所影響。他們必需相應這些規範行事，即使有時是違反自然天性的。像重要供貨商邀的飯局，每個公司都會欣然接受。但是我認為，在雅帝待這麼久之後，大部份的工作人員也學到要遵守這種文化。因此它才能如此成功。雅帝在小節上也有一致性，有義務達到嚴格的顧客導向的目標。也許有部份「其他」的公司有同樣的想法，但卻不是多數。長期競爭下來的結果是顯而易見的。不奇怪的是，有名的百分之一（繳稅前獲利占總銷售額比）就已經是非常令人滿意的理由。

因為沒有其它公司可以真正模仿雅帝的原因在於，**雅帝的簡單原則、貫徹性及紀律對他們來說並不容易做到**。對他們來說，「甜美的生活」容易多了，如：會議、供貨商的邀請和日常生活的誘惑等。**細節工作要貫徹實行是要下功夫的，只有對工作意義及其連帶的成果有熱忱的人才做得到**。大部份的雅帝員工就是這類人，工作繁重的收銀員、運貨倉儲人員也都這麼認為。他們不僅有同行最高的薪酬，其工作也對顧客及朋友有正面的意義。幾乎所有的人都稱讚雅帝的能力，這也是其工作人員引以為傲的地方。

雅帝以一貫的原則執著其業務且目標明確。彼得・杜拉克說：

「執著是經濟成果之鑰，現今違反執著原則的事例卻比比皆是。我們的格言卻似乎是：

讓我們每件事都做一點。」

## 「不信任式管理」？

每一個公司都有它的特色，特立獨行之處和弊端，雅帝也不例外。一九九二年的經濟周刊稱「故弄玄虛佯裝保密」的制度為「不信任管理」。姑且不論和所有人有關的部份，這實在是做錯誤判斷。幾乎沒有人真正認為，老闆有不信任傾向，這畢竟關係到他的錢。正確的說，應該是提奧·亞伯列希特的監督文化對公司有所影響。但是雅帝的監督制領導卻是許多公司的典範。

撇開價值不論，沒有人應該畏縮去思索監督過程有無意義。一位企管顧問公司的朋友不認同列寧所說「信任好，監督更好」，認為這句話有錯。雖然如此，但是到底要如何合時合宜的監督呢？

對很多公司來說，尤其是他們的監督機構，如何嚴謹專業地看待監督問題，是重要課題之一。不來梅富康公司前主委曼斐德·提姆曼在檢察官前破產訴訟程序的說詞就沒那麼諂媚了：「公司老闆愛怎麼管就怎麼管，監督機構只有照做的份。若當初有另一種管理模式，就可以拯救德國最大的造船機構之一的財政危機了。」

監督機構要為公司高層的管理負責。只有在它親自參與控制過程，而不是光靠經濟測試員和那些根本沒有參與過程的報告的情況下，監督機構才能發揮它的功用。雅帝管理委員會對這一點有非常嚴格的紀律，而且公司每一層級都實行監督制。

整個制度建立在抽樣測試的基礎之上，執行者每個月會在工作人員上執行一次。被賦予重要決定權的工作人員必須接受監督。依我看來，他們甚至有權這麼要求。不然我們如何得知，那個工作人員有那些較強的能力呢？若一個工作人員的執行力不夠，或者我們不能完全信任他，就不應該交付職務給他。信任是基本條件，而不是「小心翼翼」執行的不信任。儘管如此，對執行者來說，檢查職務是否已被執行或如何被執行，仍然很重要。例如職務交接時就很容易產生誤會，兩個工作伙伴在監督過程應說清楚目標設定事宜。但是監督的首要之務就是避免錯誤發生，減低公司風險。這裡可以解釋，為什麼芬尼超商（雷威集團）的成績不如雅帝。店面存貨至少差了百分之一，這對雅帝來說代表了每年三億馬克的資金。

巴特哈茲堡經濟領導學術協會教授賴哈德・韓（Reinhard Hohn）所發展的「職務監督」，在雅帝發揮得淋漓盡致。雅帝的監督制可謂是確定並保護了系統運作，對公司成就的貢獻良多。它在雅帝意義重大，和注重細節、貫徹工作、精確性和權限原則一樣，都是公司的特色。

## 實踐取代無止盡的分析

彼得斯及華特曼的「追求卓越」一書中大力提倡KISS系統：「Keep it simple，Stupid」。一切讓事情簡單化。這個句子就像是為了形容雅帝實務而設的。雅帝的人是「實幹型」的。一切都會盡快嘗試就對了，冗長高深的分析沒有多大用處。原則上所有對公司目標有用的東西都可以設計、嘗試，再也沒有比這種方式更能提供動力，為經濟上帶來創意了。在雅帝的好處是，嘗試過程中沒有人會抱怨偶爾出現的逾越職能。

整個雅帝集團較具代表性的例子發生在荷蘭的同事身上。雅帝門市的收銀員要熟背六百種產品的價格，好把沒有標價的產品價格打入收銀櫃台。缺點是若價格有變動時，就須重背價格，收銀員渡個假回來，要做的功課就很多。

解決這個問題的方法之一就是背每個產品的編號，類似產品掃描用條碼，雅帝的經理認為這太難了不可行。他們認為要收銀員背「順口」的價格比較容易，如一公斤糖一塊六九馬克，有一定的內容，是較清楚的概念，光是依規格來分也比較簡單。後來這個想法並沒有真正得到證明。

荷蘭分公司的人，先在歐門／甌佛瑞賽的門市「偷偷地」試了這個方法，不再鍵入價格，而直接鍵入編號。後來德國的同事也接受了這個創意，這個方法到現在仍是北部雅帝最快速最經濟的收銀台。連掃描收銀台的速度也比不上這個方法，而且既不複雜又實惠。

在我一開始就已經提過基本態度：「我先試試看。」也可以解釋雅帝沒有顧問也可以運作得很好的原因。沒有企管顧問，沒有市場研究，沒有廣告顧問，只有在牽涉到重大的法律問題時，才會找法律諮詢，沒有經過周詳的測試也不會隨便執行新措施。連法律顧問都承認，和一個這樣講究細節，深究每一個法律小節的公司合作確實不很容易：他們必須自己瞭解，法律或事情本身的來龍去脈。

## 簡單的祕密

顧客導向、簡單、一致性、紀律對雅帝的影響甚鉅，雅帝唯一的秘訣就是：簡單性。這種能力只有在有相當文化的公司環境下才有辦法得以發揮，因為光要做到簡單這件事，是無法想像的困難。

也許這種行為模式和文化對人員導向、所有人影響企業文化甚遠的家庭企業來說，算是典型的。所有人本身就是企業領導人的本質，他的工作是沒有時限的，不是幾年內或幾個月內期滿，然後離職轉交給接手的人，又推動另一種新文化的工作。公司文化的推展是需要些時間的。家庭企業通常都是以小型規模起家，要經過好幾年才會日漸成熟。這種所有人所設立的文化也很難模仿。

在我在諾多夫的雅帝分部任業務領導人的初期，在這職位之前的老闆霍斯特・朗布謝（Horst Langenbucher）曾表示，想來參觀我們新的中央倉庫。姑且不論雅帝原則上不會允許，我拒絕他來訪的主要動機是，我不想讓他看見「企業後勤管理學」在實務上就這麼簡單而已。一般人在詮釋雅帝組織時，總覺得有很多天大的秘密。其它的競爭對手也可以繼續這麼想。

這裡可以順道一提史堪尼亞集團（Scania-Organisation）對其世界貨車貨運市場競爭同行所說的成功的秘訣：「史堪尼亞可以比其它同行做得更好的事情其實很少，除了一點：瑞典人徹底地遵守簡單原則—簡單的結構、簡單的生產過程、簡單的生產台和簡單的管理結構。」—我們可以類推，雅帝就是這樣簡單。很多應用電腦軟體常抱怨缺乏簡單系統，也許微軟也該探究一下，有沒有一種「簡化的 Windows」，拋棄一些累贅，減低一些負擔。

寶鹼（Procter & Gamble）也找到簡單的路徑。商業周刊引用該企業成功的不二法門就是「Make It Simple」—「簡單化的技巧」。寶鹼的例子也不算新鮮了，在大超市有四分之一的產品每個月賣不到一件，可見新的思考方向及方法是有必要的。

整個公司決定二萬多種產品，考究產品的最後一項功能。像易得佳這樣的小型超市，有時候光是烘培咖啡就進了三十種，玻璃罐裝香腸甚至有四十種。我曾在馬來西亞看見一個超商光是奶粉種類就有一百二十種：同一種商品有不同的生產商、不同的品牌、不同的規格、不同的包裝及不同的口味。一個小店同一種洗衣粉就賣八百克裝、一千三百克裝、二千五百克裝、三千克裝、四千五百克裝和八千克裝，每一種規格還有兩三種不同的品牌。

取代顧客導向的是不同的供貨商，同一種產品的選擇太多，使得公司運作及其它所有的過程都變複雜了。

雅帝做些什麼呢？簡單原則實務上看來如何？要回答這個問題要分成兩段，首先創造簡單方法前提的基本原則，其次要證明簡單的實務細節。其答案如下所列：

- 沒有強力的中央部門如行銷、控管、資訊系統、公共關係、廣告、法律及權力單位。
- 沒有一定要嚴格遵守的明確目地或權限範圍。

- 企業結構是一個平坦的層級制，由扁平化及代表制組成的
- 很少有統計數字，因此可以摒棄
- 定時的資料評估（如顧客不同工作天的平均採購）
- 沒有複雜的採購條件
- 只有少數的直接供應商（如麵包及冷凍食品）
- 新產品要在三家門市試賣才會列入考量，以避免整個組織因為業績下跌帶來的負擔
- 所有產品原則上都是紙箱包裝
- 運貨一律用運貨平台為單位
- 貨物在店裡的擺置也以後勤作業單位方便為原則，以減輕工作，增加生產力，貨物不置於所謂的「目視高度」，好讓顧客買該產品（例如毛利較高的產品）
- 收銀台設計簡單，沒有掃描器

這些簡單設計的原則，顯示出公司的「樸素」導向，也就是說：一目了然、清楚、實際的、理性的、明智的。簡單的方法造就了成功，就像孩童一樣，問問簡單的問題。

## 問「為什麼」的問題？

新鄉重夫在他的「豐田產品的成功秘密」一書中提到了五個「W」對豐田所代表的意義。這裡相關的不是我們一般人會推測的問題：什麼、何時、為什麼、誰、用什麼？對豐田來說，

五個W的問題是五次相同的問題：為什麼？為什麼？為什麼？為什麼？為什麼？

很多事可以就此解釋清楚。越多有關經濟政策實務、東西的意義、目的、範圍、想法的「為什麼」的問題被提出來，答案就越清楚簡單。您會覺得奇怪，很多企業的問題都是繞著「如何」打轉。這是技術性的問題，工程師的問題。這問題也不是不重要，但更重要的是問為什麼的問題，問有意義的問題。這當然也適用於最簡單的問題：「為什麼我們今天會議討論這一點？」

和雅帝息息相關的便是系統和過程的簡單設計。「徹底簡單」，就是最聰明的路。企業應該試著，把複雜的世界用簡單的組織來統治。簡短的說：

**最聰明的設計就是最簡單的設計**。

競爭中每一個公司都該想想，那一個最可以把複雜性簡單化組織處理。

這裡一定要附帶說明有關預算的一點。幾乎沒有一個經理或企業領導人可以想像，沒有年度預算或部門預算可以做事。每年九月是預算準備協商的日子，這個工作要花掉經理人許多時間，也讓各個層級的工作人員備感沮喪。事實上，沒有預算也可以照常運作，雅帝就證明了這一點。

## 明智的產品種類限制

通往簡單的決定性之鑰無疑的就是數十年來將產品種類限制於六百種上下。

藉由少數的產品種類所創造的簡單性，不是純粹的出色才能的結果，而是卡爾‧亞伯列希特在一九五三年提出，至今仍被奉行不悖的經驗。

我們可以在很多行業發現，產品種類的多樣性是一個強力的成本要素。不只汽車工業非常密集地研究這個問題。如：有關福斯汽車零件多樣性的報導。產品種類變化性越高，其成本和複雜性也超比例地升高。有關商業成本及產品數量的經驗量化，依我所知，並沒有資料；但是商業事實的圖表可得知曲線的趨勢如下圖所示：

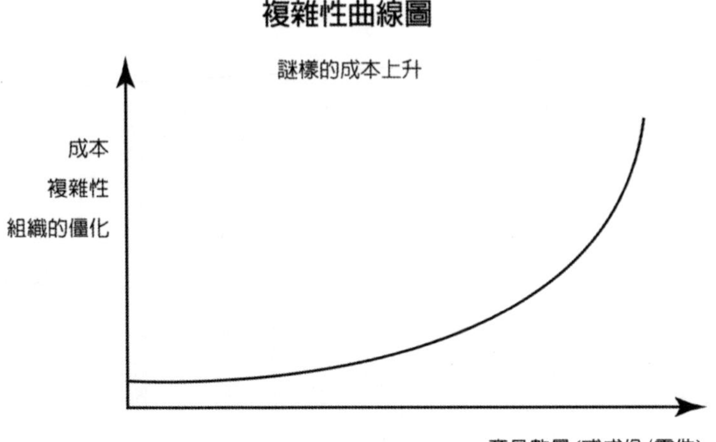

克普蘭茲企管學院企管系教授克里斯提・洪堡（Christian Homburg）解釋道：經驗指出，基礎設施的間接費用會隨著產品種類上升增加。太多的種類常導致資訊問題。在決定新產品時，固定費用依然存在，新產品得和既存的基礎設施一起處理。

結果可能是成本緩緩上升。一開始可能不明顯，但後來成本會由於不明原因不斷上升。事實上，接受每一樣新產品都會影響到既有的產品，這一點我們都很清楚。但是要理智且實際地實踐這個知識的貫徹性卻很缺乏。銷售人員常以顧客導向為由要求產品種類的擴充。採購人員也因和供貨商提供採購新產品的優惠，視產品種類擴充為「必要的」。廣告商也極力鼓吹產品種類擴充：不要錯過大好時機，可別犯下錯誤，不要放棄銷售的機會；一切都應盡快實施，想太多只是阻礙。事實上，這種必要性是不存在的。要解決這個兩難的問題不需要高深的「複雜性管理」，而是簡單明智的組織。

## 成本計算為錯誤根源

錯誤的成本計算常是設計具有簡潔明瞭的決定原則的簡單制度的大礙。到現在為止仍有全成本計算、額外成本過程、間接費用等，這些對雅帝來說都是陌生的名詞。

貨運中心及業務領導人懂得把生產力提到最高，以降低成本。相同的道理也適用於顧客和門市。人們沒有必要緊抓每一個要素，用所謂科學的方法或把因果哲學分攤到店面上，因為貨運成本的相關要素及決定因素都很清楚了。

麥肯錫公司的米歇爾・羅佛（Michael Roever）在一九九一年十月號經理人雜誌討論到有關成本和複雜性的三個錯覺，以下會與雅帝做比較。

第一個錯覺：「當市場停滯不前，或同行威脅時，藉由拉攏潛在顧客的產品擴充政策」（第一個複雜性）。儘管市場停滯不前，或同行威脅，雅帝數十年來仍然不擴充產品種類，也不拉攏潛在顧客。產品種類會依顧客興趣有所改變。現在的改變更值得注意，這一點我還會深入一點討論。

第二個錯覺：「我們是大客戶，很多上游產品和服務業都和我們有關。為了可以獲取供貨商利益及其它好處，如：更大的供應商、品質及秘方等，擴展利益創造程度是好事」（第二個複雜性）。雅帝傾向簡單的基本原則：「製鞋匠，好好幹你的活就對了。」除了烘培咖啡廠是例外，雅帝沒有自產的商品，沒有進口業務，沒有在香港設代表。但是雅帝和其它公司合作，這些公司理所當然因為它的能力獲益，就算雅帝的獲利因此減少。

第三個錯覺：「若把公司許多或所有業務的功能，集中匯整一起，我們可以充份利用公司規模，由此可獲許多優點和高程度功能性的專業主義」（第三個複雜性）。雅帝組織是扁平化模式的楷模。只有中央的現金管理、採購及「一點點」資料處理是集中管理的。因為雅帝的經驗教我們：不是功能匯整，而是分配，才能減低成本。另外，所謂的「專業化」在很多方面來說也是個模糊不清的概念。

羅佛指出協同作用是致命一途，不僅帶來複雜性、增加成本，更是一個錯覺而已。改善日常例行公事有多重要呢？答案就是各方面不斷改進。

## 犯錯的恐懼

**另一個避免複雜性，設計簡單系統的方法就是雅帝做到很好的扁平化。**公司的規模和成長會自動帶來複雜性。公司職員和經理的答案常是建立更完整的系統及結構。權限部門是典型用來處理複雜性的方法。這種思維模式顯然是個錯誤。其實更重要的是，保持公司的工作能力。這代表的第一個意義就是，讓數以萬計的員工理解過程及事情關係，畢竟他們才是公司內真正的「實行者」。要讓事情容易理解就是要「用簡單的表達方法」和「可理解、一目了然的簡單組織」。

旨於簡單結構的扁平化及代表制就是，把職務描述和職員目的限制在最需要的部份。職員的評判能力常高出規則的作用。

很多企業過度的複雜性多來自管理恐懼、犯錯的恐懼或者沒辦法在監督委員會前建立措施。這種恐懼在有許多聘用經理的公司裡比由企業擁有人本身領導的公司更常見。前者的確有理由建立權限機構，引進企管顧問或市場分析的必要，這樣才可避免錯誤，至少希望如此，而且「經恐懼的決定能力」也降低了。恐懼是官僚的天平。

若行為和決定的意義與標準都清楚了，細節指示就可以取代一般規則。被普遍接受的規則以條文、規章、詳細的部門政策及工作流程的方式出現。這種企業文化有助於避免不必要的、有礙發展的、浪費成本的官僚。這也有助於增加嘗試和犯錯的勇氣。若一個決策的意義詳細負責地檢驗過：「為什麼要這麼做？」，就沒有其他的事好擔心的了。有關意義的問題常和另一個問題相連，就是在解決之道或過程中，計畫中或預計要做的是否真的都具有其必要性？或者還可以省掉一些東西？

「做到增一分太多，減一分太少的程度，才是最高境界。」——中國諺語

## 雅帝文化到底特別在那裡？

依雅帝為標竿的批發市場策略在全球蓬勃發展，如日本、美國、亞洲及歐洲各地。但是要用什麼來說明雅帝成功的傳奇呢？既不是因為暴利，也不是因為一項偉大發明或專利獲利。賓士汽車是傳奇嗎？除了一九九〇年代A級車的問題是例外，這家公司的確是傳奇。田格曼（**Tengelmann**）所有業務的銷售額百分之一的獲利算是傳奇嗎？田格曼裡幾乎沒有人知道獲利是那裡來的，虧損是怎麼產生的。

雅帝注重品質，美國最傑出的中級企業家唐・克立福（**Don Clifford**）及理查・卡凡那夫（**Richard E. Cavanagh**）形容道。他們的研究和彼得斯及華特曼的有一樣的結果。這個企業的成功在於：

・使命意義突出（熱忱遵守的價值和目地）

・遵行基本的商業要務

• 避免官僚作風，樂於試驗
• 設身處地替顧客著想

羅夫・貝特（Rolf Berth）對「獨特性」做為競爭要素有特別的研究。像宜家、雅帝、SWATCH、班尼頓都是具獨特性的，少見的：「雅帝是唯一的便宜售貨商，唯一一個堅持它的販售技巧，卻不試圖在品質上動手腳的售貨商。」貝特在此稱超乎尋常的一致性為獨特性的來源。貝特繼續提到，獨特性不只因此難以模仿，更因為還帶點瘋狂和不尋常。多貼切啊！雅帝不僅「就是這麼獨特」而且還「就是這麼瘋狂」──有意義的瘋狂。

雅帝企業文化的特色，可以簡單總結如下：

**簡單及樸素**
樸素從老闆做起，所有個人的貪圖享受都要節制。極端的節省為原則，浪費根本不被允許。
**完全顧客導向**
獲得顧客信任就是：不用有損顧客權益的手段
**注意小節**
每天改善一點。支持發展成果，那怕只是小成果。

**簡單的系統**

實行簡單的原則，鼓勵發展簡單迅速的方法

**行動的貫徹性**

拒絕日常誘惑，堅持實踐好的方法。

# PART 2 聰明的組織、有效的領導

## 聰明的超商，要先幫客戶過濾掉麻煩。

一家超商的組織領導我們可以用簡單的幾句話來形容：

—— **目標明確**

—— **少量及簡單明瞭的業務原則**

—— **完全的顧客導向**

—— **應用實施方法時的貫徹性**

—— **所有層面的細節工作**

# 好的組織可平衡領導缺失

「局勢景氣良好與否並不是決定成敗的要素，企業領導方法才是關鍵。」

松下幸之助的這句話，一直陪伴著我，我也在雅帝深深體驗到這句話的真相。我們的確需要良好的創意，但隨之而來的往往是與企業領導、組織、及企業文化有關的事務。

若松下幸之助的這句話正確，那麼領導人員該負的責任有那些就很清楚了。這一點也在我諮詢及擔任經理的過程中一再確定，我做了八十三頁的圖，整體的關聯性也清楚可見。

公司資源（軟體及硬體）是成功的基石。他們藉由組織及領導人員相結合，流入瓶頸。瓶頸的寬窄由組織及領導人員設定，以控制流量的大小，相對的結果也會隨之改變。相對較弱的資源可藉著好的組織及領導人才導向好的成果；反之，好的資源也可因為較差的組織及領導人能力不足，使得成果不彰。在工作場合，好的組織可補償較弱的領導人力；反之，好的領導人力也可補組織上的不足。優良的組織及領導尤其對公司軟體有改善的作用。較常見的多是領導上的缺失。對公司所有人及監察委員會來說，知道這個缺點可藉由聰明的組織補強，助益良多。但所有人及監委會必須拿出魄力及實踐的決心。

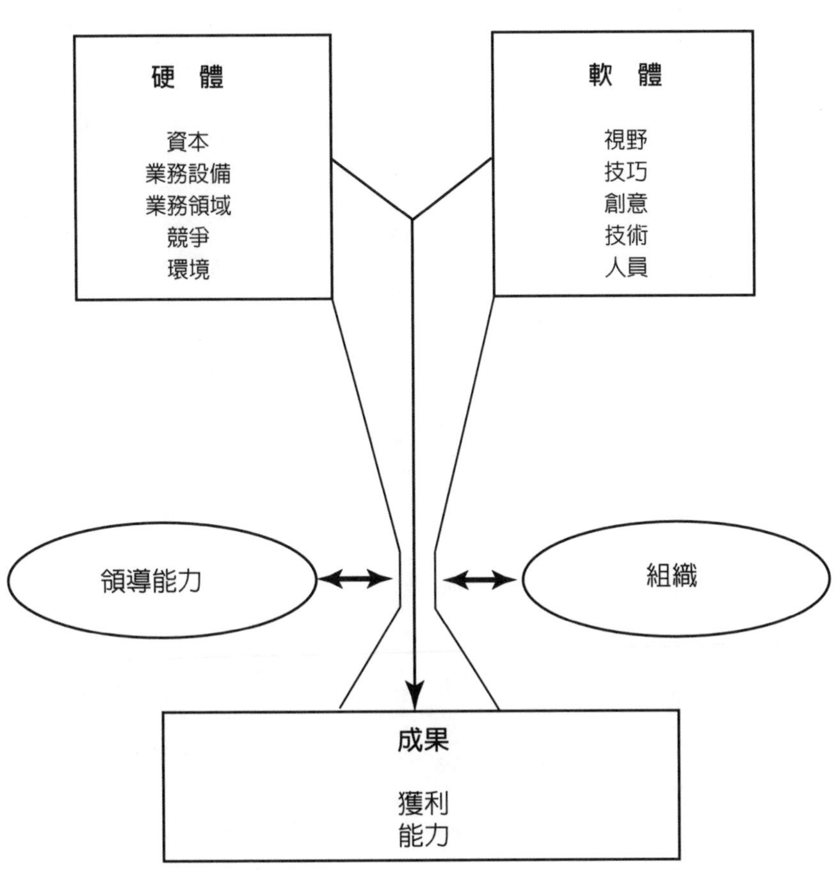
硬　體
資本
業務設備
業務領域
競爭
環境
軟　體
視野
技巧
創意
技術
人員
領導能力
組織
成果
獲利
能力

在一些過渡時期，即使領導者無方向，好的組織仍有可能達到需要的業務目標。不過領導經營管理上的錯誤，常無法事先預知。但組織在開始階段就已形成，新的領導階層會適應組織，若有好的領導人員，組織也可相對調整，例如有能力的經理可以擔當更多任務，這些都不應該死板地事先規畫。這種彈性的方法在小公司或大公司內的小單位很容易運用，在雅帝，由於地區組織及其領導人員任務及權限相當，這樣的方法只有在限定的範圍內可以使用。總之，雅帝領導上可能的缺失可藉由好的權限代表及制扁平化組織來平衡。

## 最低限度的溝通

原則上組織的設定應該簡單明瞭，用簡單的層級制及簡單的公司運作。隨著簡單組織而來的便是成本低廉、協調的耗費較少、組織成員的必要溝通可維持在最低限度。

「組織的目的，是減少不必要溝通及協調的幅度，所以組織是對溝通問題的極端攻勢。」

——布魯克斯（Frederick P. Brooks Jr.）

布魯克斯是 IBM 一九六四年上市傳奇的 IBM/360 的負責專案經理。那是一個龐大的計畫，一萬多個員工多年的心血，數十年來的企業標準，電子資料處理的先峰。這個被喻之為工業史上最大的發展計畫的系統，統治電腦工業的世界市場多時。

布魯克斯在傳奇人物月刊中談到他的經驗，並列舉了一些基本知識，依據他的理論，公司內的很多單位或專案單位的成立，都應該盡可能讓各單位能獨立運作。如此一來，不必要的路徑、成本及磨擦便可避免，企劃運作的速度便會增加。如何加快企劃運作速度也成了組織內需要專業研究的問題。較不重要的是，在一個計畫要投入多少資本及人員。布魯克斯在他專案計畫的工作期間，體認了要加快企劃運作速度，並不是只多加幾個工程師就可解決。某些特定的工作只能由特定數量的工作人員來完成，就像懷孕時間為九個月，並不會因為有兩個女人來做，就減短懷孕時間。

但布魯克斯的業務長處卻未在大部份的公司引起注意。一般來說，溝通是非常重要的。在大多狀況下，這一點沒有錯，例如主管與其工作人員的溝通，或者各部門間的協調。但是布魯克斯的終極目標卻是減低公司不同單位間的溝通協調幅度。

最典型的就是大部份公司內所存在的採購和銷售間的嚴謹分界。原則上，採購部門負責商品種類及預算。因為銷售只在確定商品種類及定價上扮演一角，很多公司就會在採購和銷售部門間設有協調機構，這種協調單位多以週會的形式出現，舉行密集且耗時的討論。

我們也可以換個方式來經營。在雅帝銷售和採購也有分界，但由於商品種類只有六百餘種，兩個部門間的關係也就與其他公司不同。業務領導群決定商品種類及價格，原則上純粹以銷售觀點來看。相對的，採購有明確的工作，確定的商品種類並向供貨商爭取最低價格。原則上這個部門在該項任務上是獨立運作的。在這樣的系統下，所需的溝通協調就很少了。

如此一來，雅帝便可避免不經濟的虛設部門和計畫單位部，一般說來，這花費都和管理費用及協調需要有關。現今很多公司常追問，某計畫單位是否有必要存在？能否刪除這些部門、節省成本？這些狀況尤其在中層管理階級常見。那些無止盡的企劃部門和系統到底有沒有用？應付實施單位和監察單位的成份恐怕多於服務顧客的成份吧！

其他公司也在吃了數十年人事磨擦的虧之後，體認這個事實。「範疇管理」成了正確的解決方案，實際上又成了缺失連連的一種複雜藝術。和範疇管理有關的問題會在「不是採購，而是銷售決定成果」一節中深入討論。

工業界在行銷部門和銷售部門也有類似的衝突。公司應該多考慮合併一些部門工作。像這樣性質類似的工作，為什麼要兩個部門來做呢？

## 雅帝的公司組織

雅帝組織既簡單又明瞭。就連實務單位也具明確的功能，就如同職務說明內明定的一樣。至於那些除了做些建議外，什麼事也不做的單位，在雅帝是找不到的。

一個雅帝公司有一到二個銷售經理，其下有六個地區經理，一個地區經理管轄六到七家分店。一個雅帝公司下約有四十到八十家分店運作。成長到一定程度，需要第二個銷售經理，通常就會「分家」。原公司會管理一百家店左右，第二個公司下大概還有二十五家店在運作。

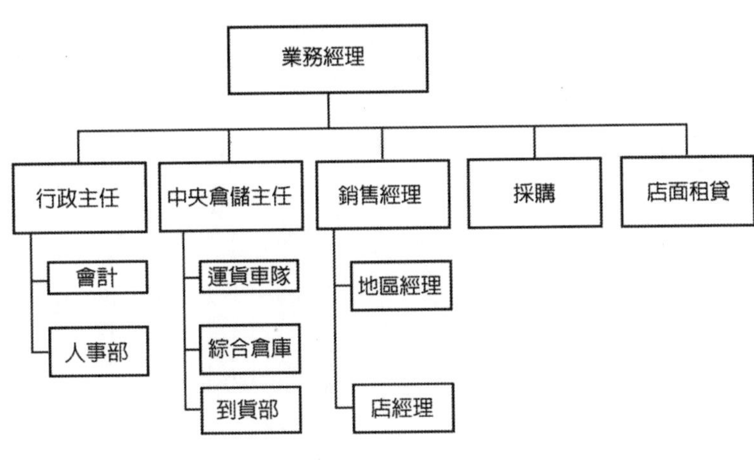


行政主任的任務為管理，包括人事及資料處理。人事部對工作人員沒有直接管理權限，其功能純為行政。行政主任的任務為連繫業務委員及在遇到工作法相關的狀況時，做公司諮詢和代表。

銷售經理帶領地區經理及所有分店。他對於店該如何順利經濟地運作，負有直接責任。

中央倉儲主任，管理貨品流向、從進貨到送貨去各分店等，並包括運送車隊及倉庫的管理。

採購的主要任務為確定倉庫存量及訂貨，他控制品質，經由對市場及競爭對手的觀察尋找新的商品種類。他也指導地區性特有的商品種類。各店的進貨商品通常約有三十種，但可依狀況所需自行決定做少許變化，這些商品也常是所有分店統一的商品花色參考來源之一。

店面租貸部負責尋找適合地點、簽定租約及與租約相關事宜。

雅帝組織內最重要的是中央採購，也就是雅帝有限責任、無限責任商業公司。他們負責與供貨商交易，採購共同商品。整個北部雅帝集團只有六個採購，囊括了所有與購貨相關的工作：採購市場分析、尋找供貨商、品質評斷、商議價格及條件、簽約。雅帝採購有限責任公司則負責一些服務事項，如中央現金管理、中央統計公司比較及資料管理。

## 業務會談：權威傾向增加

處理公司重要的組織、政策上問題的主要決策小組是定期舉行的業務會談，參加這個會談的有雅帝地區公司的首長及行政委員會。在這個小組會加重討論如**商品花色**、**價格政策**等問題。原則上提議並不需要所有與會者的同意，只要在密集討論後能達到可接受的程度即可。

很多公司所實行的集體原則或是多數原則，在雅帝不常見。雅帝很少依同意原則決定事情，也沒有所謂的多數表決法來決定事情的狀況。需要妥協的狀況很少。妥協總是次完美的，在找到完美的解決之道前總得先搏鬥一番。議題會一直被討論下去，直至有結果為止。同意制在企業政策上的弊端是很明顯的。小集團或黨派常過早有尋求妥協的準備，造成議題過早結束，避免大衝突。那些可以用來準備及分析的時間常因此被犧牲掉了。

漢斯歐勒・韓克（Hans — Olaf Henkel），德國工業協會總裁，提倡及時「結束同意政策」。不僅是國家，就連大企業也面臨危機，因為最好的方法總在被發掘之前就被放棄了。

通常雅帝的業務經理都會仔細地準備業務會談，他們也會與工作人員詳談會議議程，要討論的議題多來自於業務經理或公司層面，整個會談由行政委員帶領。多年來，在意見分歧的狀況下由委員會擔任決定性的角色，有增加的傾向。近年，在雅帝已經很少對冗長議題進行反覆的討論，以求達成決定。權威傾向增加，會談後，權限代表的舊系統及地區公司工作人員的個人權威才是真正發揮作用的來源。

儘管如此，我個人認為，企業文化時間上有限的改變，並沒有為公司領導層級帶來民主。就連政策上或價格商議上常見的協調，在雅帝也不多見。討論目的是得到最好的結果，關鍵是用那一個觀點或角度去討論事情。所有參與者都要有一個共識，就算最後的結果是必須同意其他人的解決方案，也不是什麼大不了的事情。

## 良好領導及組織基石

我在雅帝管理的期間學到什麼是良好領導及組織的基石。我們可以用簡單的幾句話來形容：

- 目標明確
- 少量及簡單明瞭的業務原則
- 完全的顧客導向
- 應用實施方法時的貫徹性
- 所有層面的細節工作

依循這些原則的良好組織可避免造成危機的發生。每個工作人員做好份內的事，是公司運作不可少的一環。趾高氣昂的老闆在這裡沒有生存的餘地，誰說上司的心情是工作的指標？

以下會有雅帝的領導組織原則更進一步的描述，這些原則對我的影響很大，我在雅帝不只學到很多，特別是在行政委員會的十年間，有機會參與公司組成。值得一提的是有一回不愛擺架子的提奧・亞伯列希特，竟在洗手間閒聊中請我擔任基金會的主席團委員。

## 明確的目標可避免衝突

許多公司的目標及方法常常模糊不清，或者神秘兮兮，所以多少帶來困擾，真相、表象及個人想像相互摩擦。這種情形會把監督單位也扯進來，造成許多內部小團體的形成。

像雅帝這樣目標明確的公司，公司的氣氛是開放的，每個工作人員有話可直說。費力的技倆及說服過程在這裡是不必要的，因為每個工作人員有他們自己明確的目標。

雅帝明確的公司原則，有扁平化的組織結構來支持，可減低衝突的潛力。這當然沒有排除一些擾亂公司氣氛的個人因素。不同的雅帝公司間或不同的領導者間也存在可察覺到的差異性。但是，整體看來，這些個人因素影響範圍很小。

最近也有改變的跡象。行政委員會和地區公司的疏離感日漸增長，兩方的權力運作，未來對於公司文化及結構可能有負面的影響，但明確的組織結構和目標可使公司免於這些短暫的困擾。

**雅帝的目標出乎意料的簡單：**說穿了就是**最低成本、最高效率、最高生產力及最好的品質**。每個收銀員或倉庫的包裝員都明白這個道理。這些目標可持續的在各部門、各工作人員應用實踐，也可做為公司短期、中期，及長期目標，從最上層的單位到各分店的目標也不外就是這些。所有層面及功能的工作人員都可依循這些目標：技巧、目標和計畫不再冠冕堂皇、遙不可及，整個公司上下都非常清楚。

雅帝想達到的，每個人都很清楚：不花半毛冤枉錢。每個崗位上的人都會因達到這個目標而自豪。這有助於每日的小工作、反省、改進、經驗交換及整體完美，至少成本會先下降。

這些公司宗旨也在職位說明有詳盡的解說。

**業務經理：**

- 持續達到最高的銷售，強化市場地位，建立確保有效的分店網。
- 達到完美的獲利狀況，不損公司未來發展。
- 藉由極端應用經濟原則穩定創造公司的市場地位。

**銷售經理：**

- 有責任確保其銷售領域的最高銷售量。
- 要注意在最低成本的情形下順利進行業務，正確計算，保持改善競爭能力。
- 管轄銷售點下的各門市經理，確認他們確實盡到職位說明中應盡的義務。

**地區經理：**

・維持在管轄銷售點店面的清潔秩序，維持販售業務順利進行，在一定的資本額下，達到最高的銷售量。
・給各店內業務遵循指示要統一。

**門市經理：**

・維持其管轄的分店整潔。
・隨時注意店內存貨狀況（不多擺也不缺貨）。
・對顧客有禮貌。
・穩定原來的顧客群，招徠新的顧客。
・詳細正確的計算帳務，工作人員的工作分配及指示以達到其最高銷售效率為原則。

**中央倉儲主任：**

・確保其倉儲在法律規範下，安全第一；最低成本、最高效率的業務，盡量減低貨品損壞。
・維持中央綜合倉庫及工作範圍的整潔秩序。

**人事及行政主任：**

・應用經濟原則，在所有部門及商業管理組織上或人員上，創造最佳的工作前提，確認及創造業務及法律架構。

・對領導業務有利的資料要在要求的日期準備好。

**所有的工作人員：**

・執行工作的同時要多利用同事的創意或想法。

・領導的基本原則多來自於一般業務領導指示。

## 企業宗旨無用論

愛倫・沙華洛（**Eileen C. Shapiro**）在她「在領導層蒐尋趨勢」一書中討論「企業宗旨」，並描述了成功的美國鋼鐵業如可（**Nucor**），關於這個企業成功的探討，比比皆是。這個企業和雅帝一樣，沒有明文規定的宗旨。沙華洛指出，很多公司的宗旨說明，多是胡謅一場，很多是一些華麗的詞藻所組成，大多數的工作人員連讀都沒讀過，更別提應用在日常工作上了。有雄心狀志的公司並不需要藉著聲明宗旨來實現它的理想。

這正是雅帝的風格。雅帝沒有這些雜七雜八的規章，它也沒有這個需要。就我看來，原因就和它的目標一樣簡單：最低的價格和最好的品質。既簡單，又明瞭，而且實際有意義，還有必要用別的話來表達說明嗎？

儘管如此，卻有越來越多的公司，走上企業宗旨一途。若宗旨說明有訂立明確的技巧或方法，我們倒也沒有理由反對。若這些形式對工作人員來說明白又有意義，沒有漏洞，真的可規範行為的話，那這個聲明也就達到它的目的了。前提是，要把宗旨訂的實際又可做為行為指示，讓每個工作人員有所依循。

若宗旨訂的不明不白，每個人有自己詮釋的空間，我行我素，那麼宗旨就沒法發揮它真正的作用了。下列有關宗旨聲明的實例，可使前面所提的情形更容易瞭解：

德國一家有名的連鎖企業在它的宗旨中聲明了：「我們要做到使人們能舒適地購買物美價廉的商品。」這公司的工作人員該如何著手呢？這樣的宗旨有給職員一個操作指示、行為要求或實務問題的著眼點嗎？

另一家公司的宗旨：「有水準的市場中得到認同的價格及齊全的商品，和訓練有素、動力十足的工作人員，造就了我們的公司哲學。我們供應顧客的每日日常所需。」工作人員因此知道該做些什麼了嗎？或者形式歸形式，反正現在流行把目標訂得花俏一點。

若是雅帝會怎麼說明其宗旨呢？看起來如下：「我們提供六百多種日常所需的商品及食品，是市場上價格最低廉、品質最良好的商品。前提是公司內大大小小的領域都要保持在最低成本狀態。」雅帝的工作人員知道他每日該做的事有那些了。這樣的宗旨是可操作的，也是行事的基礎。

## 和豐田汽車的相似處

日式的管理方法多年來一直是被討論的對象。其中不確定的是，不知道是不是所有的日本管理法都真的源自日本，如羅伯・陶生（Robert Townsend）在「追上組織」一書中所提到的實例：IBM在一九六〇年前就設立了品質小組。日本人可能剛開始就仿效得很好，不斷改善後做得比原發明者更好。

德國的中型企業也認識許多和日本或雅帝類似的文化及領導原則。由於企業所有人較少訴諸公眾媒體，所以可能是這些方法不出名的原因之一。赫伯・班哈特（Herbert H. Berhardt），漢堡最大紙業的負責人，就是一個很好的實例。他對於他的企業文化及理解是這樣描述的：「我是公司的第一線員工。我的準則是：這對公司有用嗎？」很多人也有類似的方法，如克勞斯・甌斯登多福（Klaus Ostendorf）文登烘培坊的老闆和其領導階層的座右銘是「每個細節都講求效率」。他身為億萬公司最上層的主管，一個星期也有四天在服務他的顧客，第五天整理他的辦公桌。就這樣，一個不起眼小地方的麵包店默默地成長為德國舉足輕重的烘培業，而且謙虛一如往常。

把日式方法和雅帝方法做個比較後，可以確認，雅帝實質上是個非常「日本式」的公司，甚至是在德國的最日本的公司。雅帝先拷貝日本公司，沒有注重細節是行不通的，小處著眼的工作在所有的日本公司都是最基本的原則。雅帝進一步走出自己的道路，也就是「各方面不斷改進」、「及時」及「精簡管理」。

## 雅帝在各方面不斷的改善

各方面不斷改進是典型的雅帝策略，特別是產品和貨運過程。很多公司在這方面有實踐上的困難，相對的雅帝有一個非常簡單的方法：每個雅帝公司有它自己的任務。大部份的中上階級的領導人員還有一些額外的任務，這些任務相當於其它公司的企劃部門執行的工作。

舉例來說，雅帝的倉庫主任除了主要帶領倉儲職務外，還要負責走道的貨運車業務。他不斷用心改善業務，保持市場全觀，和重要的生產者會談，尋找各方面改善的方法。為達目地，他可自組工作小組，長時間與其配合。用這個方法，起先走道貨運車一回可運兩平台的效率，後來增為三個平台。當初，只是個小創意，現在到處都實施這個方法。雅帝可以申請的專利肯定不少哩！

這種工作方法，在雅帝可以找到實例一定不少。如銷售主任除了要做職務說明的工作內容外，偶爾也得花點心思，想想店內的冰櫃多大才合適的問題，或其他的技術設施。

## 錯誤、再嘗試

在各方面不斷改進的過程中，最佳的方法是在試錯中求進步。這方法的意義重大，因為這個方法下，創意和方法至少很快可以用在實務上。在做一些基本的考量後，甚至在事前精確的測試之前，應用方法很快會被帶入實務測試。嘗試結果出來後，可作調整或改變，中斷實驗或暫緩實施。

這個方法鼓勵嘗試，就算不能完全免除風險，但若真有風險出現的情況，重要的是看結果，從中學習到的經驗及知識，而不是去問：「是誰的錯？」沒有一個人會真正做出一個完全正確或錯誤的決定。廣泛的分析和決策程序常和一大堆的紙上作業有關，耗費許多昂貴的人力和時間。離譜一點，工作人員的會談和顧客聯絡會拖到這個計畫過時為止。很多工作心血最後都是在碎紙機結束它的生命—曾幾何時，它還是「最高機密」—或者在頂尖經理的抽屜蒙上一層厚厚的灰塵。

雅帝在所有有關技術發展、組織方面、引進新產品、改變品質或包裝尺寸方面的創意，都依循此法而行。

## 「在三家門市測試」

在雅帝公司，順口溜是這樣的：「在三家門市測試」。所有的產品前景及包裝內容的改變，藉由這些門市測試來探路。從這些測試幾乎可以獲得所需的所有知識，而且花費的精力不多。從前的測試更是精細，有名的或計畫的非產品的行動都會測試，不僅僅是為了探新產品的前景，也可以找出市場不足要補強的地方。

測試的功用不可被低估，因為尺度的彈性或不可行性，常常在實際操作中才會發現。不是把它哲學化，而是說做就做，不拖泥帶水，但是徹底簡單。

年前，在一個有關貨運的講座中，美特羅的監督委員會主席艾文・康拉迪（Erwin Conradi）說了一句非常有名的話，這句話也非常合乎雅帝的謙虛又實際的精神。這也沒什麼好訝異的，因為這兩個企業精神有許多相同之處：「如果這些基本方法對您來說太平淡無奇，那麼我很想提出反駁，因為我見過的許多計畫在『理所當然』的地方出的錯，比在『偉大計畫』處失誤的更多。」

## 自我負責及熱忱

「改善」的提倡者金井政明提到對一個公司的領導人員的要求：為了達到持續不斷改進的高尚任務，「經理人的最高自我期許負責是必需的因素。」雅帝的經理人就是這樣的典範。

工作人員的熱忱和意願是效率和創意工作的基礎。避免浪費是雅帝的基礎領導原則，也就是在職位說明的「最低成本」。每個經理人都知道，公司不必要在時間和金錢上的浪費有多少：冗長的工作途徑、重複工作、沒有用的存貨、大費周章卻多餘的組織、許多又臭又長的會談，決策過程雜亂無序。

具汽車業協會身份的丹尼爾・瓊斯（Daniel Jones），一九九〇年出版了「汽車工業的第二革命」，他不認為高薪資為德國企業的主要問題，他簡單的敘述如下：

「真正的問題要到惡劣的組織及不必要的浪費中去找。」

雅帝的組織中，在避免浪費及節流措施上發展得很好，這還有助於根本的競爭優勢呢！

豐田在四十年前就開始實施現在舉世皆知的精簡管理。至於美國人為什麼花了這麼久的時間，才解開豐田成功之謎的問題，嘉瑞・哈蒙（Garry Harmel）和普拉哈列德（C. K. Prahalad）在他們「為未來競跑」一書中給了答案：「日本所使用的原則方法和美國人的想像及信念相互矛盾。」同理，我們也可用來回答為什麼雅帝的成功秘訣這麼晚才被競爭同業發現的問題，如果同業真有發現：雅帝所做的一切，都和德國經理人的期望和信念相互矛盾。

德國的商業經理，期間也包括全世界的零售店經理，在面對低價競爭的狀況下，過去不相信，甚至現在也一直不相信，可以用有限的商品種類，創造驚人的銷售業績。要附加的是，許多文化成份對非當事人來說，非常難以認定或理解。日本人實行的，和所謂的方法策略並沒有多大的關係。這是文化的一部份，可能這種文化特別適合日本人，但西方工業社會也有這樣的文化—看雅帝就知曉了。

雅帝的商業佈局系統：「少什麼，就補什麼。」

很多公司都有複雜的庫存控制系統和商業佈局系統，往往都耗費一大堆資料。相較之下，雅帝則用簡單的「看板原則」，一種日本庫存控制方法。簡單的說就是：「少什麼，就補什麼。」每個貨架的容量都是一個星期的存貨量，所以門市經理訂的貨都是「少了的」，貨一送到就可以擺到架上的空位了。現在雅帝的庫存系統部份有了電腦的協助，但是原則上是不變的。書店的系統也很類似，通常每一本書都有固定的位置，賣出時收銀台會有記錄，做為訂新貨的依據，這也就是「少什麼，就補什麼。」的方法。

## 扁平化與授權

雅帝的組織原則的基本價值就是，鞏固企業文化，造就成功的重要基礎。中心的組織原則就是扁平化及授權制。

雅帝集團最重要的扁平化實例，也許是最關鍵的，就是六〇年依亞伯列希特兄弟的公司分家，卡爾的南部集團，中心設於默海；提奧的北部集團，中心座落於埃森。當時的這個決定，很可能就奠定了今日雅帝成功的基礎。可能危及公司生計的兄弟鬩牆就因此被避免了。南部雅帝不可能有這樣的事發生了，因為卡爾・亞伯列希特的兒子和女兒都不在雅帝工作。北部提奧・亞伯列希特的兩個兒子都在行政委員會擔任委員，負有很高的責任。但是家族基金會有保護作用，可避免這樣的故事上演。

藉由企業的分隔，使得兩兄弟在決策上可以各自行事。舉個例子來說：南部雅帝的商品約四百五十種，北部雅帝的商品有六百多種。後來北部先引進冷藏及冷凍食品，南部還觀望了好一陣子；一家的門市是黃色地板，另一家的門市是灰色的，一個是保守派，另一個則是勇於嘗試的領航者。最直接的工作人員，也就是兩兄弟，及其行政委員會的成員，當然也對決策有影響。但是兩兄弟的表決或意見一致已不再是必要條件了。

扁平化帶來了實驗、比較各種方法結果的可能性，也帶來贊成或反對的自由。南北雅帝的經驗交換，一直沒有中斷，扁平化也提高了經驗的價值。「對」或「錯」的問題越來越少，取而代之的是進步或保守、果敢或謹慎。但是，許多公司把時間和精力花在為了找尋正確方法的內部討論上。其實，所謂的「對或錯」的證據並不會出現，因為兩者，或者多數方法根本連做都沒做。另一個角度的觀點也不可低估：一個公司的決策並不是光憑事情本身的觀點，或一般的邏輯而定—就經驗上來說，其它事情也扮演不小的角色。

## 自律較不複雜

雅帝組織一個重要的任務之一，就是有意識的遵循扁平化政策：溝通協調的幅度盡可能的降低。這樣一來，組織的結構越簡單，效率就越高。簡單的結構所需的管理也就較少。

經濟、工業及社會的高度發展具有下列的特色：多樣化相互結合的作用關係網絡。這些關係非常複雜，通常要透過層級制度才能組織起複雜的關連性。結果常是刪減獨立運作的單位，自我導向被拒於千里之外，另類方法之間的競爭也隨之消失。接著，要引進行政規則，控制發展，「維護」這些規則，隨條件改變要有所調整及重新適應，這些都大幅地提高了公司的工作量：要設立新的部門、企劃群、工作小組、專家等。官僚的惡性循環就此開始，很難中止。

如果設立一個簡單的組織，反而更明智而有效率。解決問題的方法多在有意義、易瞭解的領導方法上，尤其是在許多獨立的小單位裡，也就是扁平化的小單位裡。如此，由於不適當的領導階級所引起的問題就可避免。公司裡某職位的人沒有盡職的情形很難避免，雅帝也有領導不佳的狀況，但是，由於扁平化的小單位職務清楚，不佳的領導所帶來的困擾就被控制了，這樣的制度下，被影響的工作人員數目比中央集權的大型組織來得少。特定統管人員的特立獨行在中央集權的大組織所帶來的傷害較大。

可惜連雅帝也不能光憑聰明的組織就能運作，人事因素還是免不了有它的影響力，總是有人想和別人不一樣。但是不變的真理仍是：**不良的領導可由良好的組織來平衡**。

## ABB和雅帝：扁平化所帶來的成功

只有少數的公司知道，根本徹底的扁平化和任務、責任的權限授權制會簡化公司組織，使其清楚明瞭。瑞典瑞士公司Asea Brown Bovery（ABB）聽從專家意見，實施扁平化政策，在過去幾年來創造難得的佳績。二十萬名員工在一千家獨立公司工作，大大地提高利潤。ABB本身的資產利潤為百分之二十，銷售利潤完稅後仍高達百分之十。

假設只有徹底扁平化的公司和組織可在這個複雜的世界生存下去。以小替代大，如同ABB和雅帝一樣，「大公司內包含許多獨立的小單位」。以螞蟻替代大象，小單位比較有彈性，適應能力也較強。許多的小錯誤也比一個高級主管犯下的「大錯誤」容易彌補。小單位出新點子的機會也比個人主導的大單位或機構更大。

雅帝的扁平化和授權制有清楚的規範及適當的監督。特別是不斷的進行扁平化。只要一個地區門市數量達到一定的水準（約六十到八十家）及倉庫到門市的距離應該縮短（最多五十公里），或倉庫超過二萬五千平方公尺，雅帝就會計畫分隔。所有的公司都有分隔的打算，直到新的據點或公司和原公司的規模一樣大，或功能一樣齊備。日常細節的其它解決方法不斷被嘗試，使得雅帝過去不斷嘗試降低扁平化後的小單位的成本。現今，德國的兩個雅帝集團約有五十個獨立運作的地區公司。

扁平化政策的基本優點可總結如下所述：（小單位的特色）

- 複雜性較低
- 溝通需求小
- 地區市場經驗較豐富
- 新人可自行獨立發展
- 小型清楚的單位隱藏較少的衝突來源
- 售貨員也認識業務經理
- 可隨時解決突發狀況，反應靈敏
- 容易畫分問題區域
- 公司間處於良性競爭

曾有媒體文章中指出：「雅帝成立新公司的原因，在於銷售量若成長過快，公司將有出版資料的義務。這正是雅帝所極力避免的。舉柏林的例子來說：提奧・亞伯列希特把雅帝有限、無限兩合公司分隔成兩個公司—北柏林雅帝兩合公司及南柏林雅帝兩合公司，就企業經營上或貨運來說，此舉意義不大，但是有助於掩蓋銷售額及其它結果。」但這並未說中核心，實際上，當時確實有需要擴充柏林北部的中央倉儲。之前一直沒有擴大的原因，是因為找不到土地。於是，在沒有別的選擇的狀況下，雅帝把柏林公司分成南北兩家。其中當然也有運貨上的便利，像這樣交通繁忙的都市，從北邊或南邊的倉庫都可送貨到市中心。但是旁觀的人是沒有辦法理解管理組織上所帶來的優點。柏林的兩家公司在服務上及銷售方面處於一種動態的競爭，這個競爭和中心總部沒有關係，不用勾心鬥角，而是一種良性的效率競賽。像柏林這樣的大都市，各項條件都比其他德國西部的地區好，一般人會有更高的期望。可以確認的是，這估了錯誤估算可能後勤的絕大多數。

現今的扁平化傾向及授權制，可明顯地觀察得到。其中最理想的狀況，是每個分出去的公司能夠獨立的運作，對其業務負全責—但是要有整個集團的共同性策略。大公司也維持中型企業的管理規模，中央集權管理應該廢除。

雅帝的管理規模一直維持在中型企業的程度。表面上的規模並不是最關鍵的，重要的是實質上的規模。

## 授權制及監督

很多公司的領導階級及經理人多認為，若扁平化或授權制的規模較大，只有中央解決方案可以簡化監督控制地方業務。批評家認為，徹底的扁平化制帶來加倍的工作及費用。很多人反對在同一地區分別設立具有相同功能的公司。此外，在同一地點比較方便監督工作人員。像雅帝這種連會計、結算也包括在內，實施得非常徹底的扁平化制，很多公司都沒法想像，前述的批評只是一種假象。因為，同一段時間內，處理同一地點一個公司一千萬筆資料的困難度，要比處理十家不同地點公司的一百萬筆資料的困難度高得多。

從實務上看來，公司扁平化後，錯誤及可能出現問題的領域容易掌握。舉雅帝的例子來說，三十家各自獨立的公司的成績，比把所有成績混在一起的不透明的狀況下，更容易分析。

要公司或企業接受一種新的組織方式，的確需要時間及勇氣。另一則有關雷威集團的報導說：「利潤的壓力對雷威連鎖店的影響大過於獨立的雷威零售店：在連鎖店有百分之十至十五的虧損的同時，獨立零售店仍可保持業績，甚至成長。獨立的零售店可以有彈性的反應市場，雷威決定給各門市分店更多的空間。」

終於有人指引出正確的方向了。不久前，還有企業經理談到對扁平化的看法時提出：「門市經理沒選擇。」所指的是門市連從中央決策的商品種類名單中自行選擇貨品的權力都沒有。門市經理已有特定的想像，這種想像阻礙了扁平化制度的實行，也阻礙了動機、效率與成果之間的認知。實務上，對於職員及領導階級的動機還要透過獎勵來提高的想法早已過時。這種想法在幾十年前早已被斐德列克・治茲堡（Friedrich Herzberg）屏棄，理查・史賓爾（Richard Sprenger）在他的暢銷書「動機神話」也把這種想法所帶來的致命結果，深植德國經理人的意識裡了。

## 授權制為權力分配

雅帝的領導階級把一部份的權力分配給其工作人員，避免權力集中在特定人員的身上，可使所有員工主動參與公司事務。在效率導向的公司裡，屏棄員工的參與是萬萬不可行的。至於雅帝命令是否被徹底執行，可藉由監督委員會確認。

權力的行使在職務說明中有解釋。相對過於繁複或詳細的職務說明，常會產生一定的質疑。其實可以簡化到比雅帝實務更簡單的程度。但原則上工作或職務說明是有必要把職權行使範圍，作個清楚的規畫。這樣在應用職權授權制時才有一定的安全性。但是要注意的是，不要過度描述細節，應該以目標指向的方式來訂定一般規則。

因為設立新公司（倉庫、運送、管理）所帶來的扁平化，雅帝公司內的職權也跟著分散。沒有所謂的規模小、力量薄弱的公司和強勢的大公司之別，所有的公司都被一視同仁地對待。這種系統使得公司可避免衝突的運作。工作人員間沒有過大的距離，系統運作可說是沒有磨擦。在雅帝沒有類似普遍存在其它公司的權力鬥爭。所有的事情都條理分明，命令發布單位負監督之責。同理，每個司令階級也會被監督，是否依職務說明給工作人員有決策及行事的空間。

類似連鎖超市的企業，原則上已經是扁平化制了，如果其前線工作人員能和顧客直接接觸，競爭能力不但能維持，還有許多前進的空間。可惜的是，勇氣不足常阻礙了這種正面的發展。其它公司由於工作人員與顧客接觸的職務非常不同，在這方面發展的可能性比雅帝的死板販售規則甚至更大。在這些公司內，組織的好壞與否對競爭力的影響比對雅帝的影響更具決定性。

## 「哈茲堡模式」

雅帝的扁平化制在形式上及組織上都以「哈茲堡模式」做為典範。雅帝把這個扁平化制在工作、能力及責任方面的實務，執行得非常徹底，以下會一一介紹。有些部份可能會造成誇張的秩序或過度官僚的印象，但對雅帝來說，這個制度非常合適，應用價值很高，可縮簡組織。

哈茲堡經濟學院的創立者，也就是理查・韓（Richard Hohn），在德國多年來造就、訓鍊了不少領導人。這個學院在眾多講師群的努力下，發展了獨立風格的領導管理模式，也就是所謂的「哈茲堡模式」（Harzburger Model）。

這個模式中心的原則便是徹底的扁平化。也就是說，下列三項事要扁平化：

- 工作職務
- 執行相當職務的能力
- 執行責任及結果

被扁平化的到底有那些，為什麼？被扁平化的下列職務工作：

- 其他人可以做得更好的工作
- 其他人可以更省成本來做的工作
- 可使職員工作場所更有趣的工作

- 有責任歸屬的工作
- 可提供挑戰及職訓機會的工作
- 可減輕發布命令單位負擔、使其專注於工作、避免不必要的時間壓力的工作

由上可導出下列的原則：

- 在與顧客距離較小的地點、及可信任的工作人員處實施扁平化制。
- 實施範圍侷限在一制決策及基本方針上，以避免單一的指示。
- 不接受反向的扁平化。

## 領導及行事責任

在實施扁平化制的過程中也會發生錯誤。只有在不缺少任何要素的狀況下，它才能發揮功能。責任可分為：由一人對其所屬員工的領導責任及處理特定專業職務的行事責任。職位說明包括了某職位的工作和能力一般的目標。下列的例子來自於雅帝銷售經理的職位說明，銷售經理下有五至六個地區經理，每個地區經理下約有六至八家門市：

銷售經理的職位說明：

一、職位

銷售經理

二、下屬

該職位位於業務經理之下

三、上級

該職位位於地區經理之上、門市經理的上級單位。

四、職位宗旨

任該職者有在其銷售地區持續提高銷售額之責。要注意在最低成本的情形下順利進行業務，正確計算，保持改善競爭能力。管轄銷售點下的各地區經理，及其下的門市經理，確認他們確實盡到職位說明中應盡的義務。在執行任務時要多運用職員的工作創意及省思。要注意領導原則和一般指導原則之間的一致性。

五、職務範圍

任該職者應執行下列任務：

1. 決定門市經理、門市所屬律師的錄用及革職，證書內容亦然。注意有關工作法的各項決定。有任何質疑狀況，可與人事或行政經理諮詢。
2. 決定門市經理的薪給和津貼。
3. 決定地區經理配合工作。
4. 每年應與地區經理討論其呈交的地區業務書面報告。
5. 決定地區經理管轄地區的分配。

6. 決定地區經理的休假、休假日期及職務代理人。
7. 決定銷售地點裝璜及商品擺設。
8. 決定需要裝修的銷售地點。
9. 決定金額低於五千馬克的門市整修、採購設備的案件。
10. 同業務經理商討確定地區經理的薪給。
11. 負責銷售點的設置及計畫。
12. 可建議增加或刪減商品項目。
13. 同業務經理諮商銷售點廣告傳單的發放範圍、計畫及特賣會。
14. 同業務經理諮商訂定門市營業時間。

當然還有一些決策的規定，如訂定薪給的規則。上級單位在扁平化制的框架下，有確認下屬確實執行職務說明內規定，各項一般及專業工作之責，並注意本身是否盡上級單位應盡之義務。

很多公司的經理在執行領導管理之責時會發生問題。基本上這些問題牽扯到一定關連性的問題。領導工作由下列要素組成：

- 和職員協調一致目標。
- 訓練促進職員能力，使其確有任該職之能。
- 監督職員，確任其是否善盡該職之責。

工作人員的效率及工作每年由所屬上級單位做評估。評估等級由一至十不等，評估的要點如下：

- 和該職務有關的專業能力
- 執行熱忱
- 執行扁平化政策的職務及其它單一職務
- 責任感
- 有計畫的思考及行為
- 解釋能力
- 工作範圍內的工作密集度（改善、建議、優秀的銷售成績）
- 擔任上屬的能力
- 執行扁平化制總體評估

## 「職務監督」及成果評估

雅帝的監管有兩種形式：職務監督及成果評估。在職務監督方面，雖然這句話並不怎麼悅耳，可能有換句話來說的必要，雅帝採取一定範圍內的抽樣控制。雅帝具體地規定，每各上級單位每個月要對所屬職員做三次特定工作的抽樣調查。調查點要先詳細考量，每個月月初就得規畫好。上級單位要避免的是吹毛求疵的尋找錯誤來源，而是先詳細考量要進行調查的範圍，描述過程中所發現的缺失。

在每年的成果評估方面，對發展重要的核心指標會和前年指數、雅帝其它部門或公司做比較評估。

由於每個月已做職務監督，年度成果評估的結果應該不至於太離譜。相較於成果評估，韓教授特別強調職務監督的意義，他用了一句話來闡述這樣的關係：「成果評估是長遠的，它也可能成了只剩下驗屍工作！」我深信，若每個公司都能合宜的運用職務監督的原則，像倫敦霸菱銀行的這種災難不至於發生，該行新加坡分行的李森抓到稽核漏洞，虛設帳戶，大玩衍生金融商品套利，讓銀行面臨倒閉。

特別要排除的是一種不以信任為基礎的監督制度，也就是信任職員會盡忠職守的想法。若沒有這種信任做為基礎，很難有成功的工作。信任也是減低複雜度的重要前提。社會學家尼可拉斯・魯曼（Niklas Luhmann）在他的書名中也清楚的提到：「信任，是減低社會複雜性的一種機制。」沒有信任的基礎，監督就失去其意義了。相信所有在工作崗位上的工作人員會盡全責，也有能力處理該職位的任務，不應該懷疑他沒有盡職責。若還有這種懷疑的話，當初就不該錄用此人。職員若擁有上級的信任，工作的效率會更高，成果會更好。

監督在這種情形下也有另一種意義，也就是找出誰是優秀的工作人員，而不是去找有過失的職員。這種監督有助企業、領導階級及職員正向發展。此外，這也有助於職員間的互助合作，這一點對公司和領導階層來說是非常重要的。

上級以「店檢」來監督工作狀況，可謂雅帝風格。雅帝經理人進行詳細的店檢，以便自行評估。雅帝的經理人也和美特羅集團的領導階級一樣，能得心應手的評估店檢，因為他們都深入細節。

我可從實務經驗中舉個簡單的例子，描述監察的大致流程：我曾任史列茲霍斯坦區的業務經理，也就是銷售經理的上級單位。銷售經理的任務除了一般事務外，還包括了決定店面裝修。其它一連串的職務也都和支出和成本有關。所以我選了一項業務來監察：九月銷售經理經核簽開支。到了約定的時間，我的辦公室做為審查的地點，讓他把九月份會計帳本連同核銷單據帶來我這裡。

我們一起先把帳本翻閱一次。有他簽字的地方，我們再稍做停留。大部份都是一些例行支出，沒有特別引起我們注意的地方。但是修理清潔店面地板機器的修理費用卻一再出現。就是原廠修理工人的工資、出差的里程津貼及材料費等。在看過所有的單據之後，我們一起做了一個總支出表，發現清潔機的修理支出高出所估。我們該怎麼解決這件事呢—姑且不論機器品質再好，還是沒有辦法避免要常修理的狀況？於是這成了這回監察的主要任務。

我們一起做過考量之後，決定讓中央倉庫的鎖匠擔任維修，這樣一來，修理技工昂貴的車馬費就可以省下來了。我們購買了兩台做儲備用的新機器，放在中央倉庫，若有某店面的機器壞了，就可用貨車把儲備機器送到該店使用，貨車再順便運回故障機器修理。我們用這個方法省了很多不必要的支出。這個方法簡單又好，後來所有雅帝其它的公司也都採用此法。

我刻意舉這個實例，來一掃監察的負面印象。當然我也得承認，也有許多其它狀況的例子。我只想強調一個原則，就是要合情合理的實行監督，工作人員正面及負面的表現都要顧及。整體來說，雅帝在此系統下多年的經驗，已使領導階級的工作人員都成了監察大師了。

## 業務經理的監察

雅帝的監督系統不僅用於門市經理和職員，業務經理一樣也要接受監察。這由更高的決策單位，行政委員會來執行。我認為雅帝用於評估經理人的系統也適用於其它公司，所以以下會有詳盡的介紹。

職務上最不同的地方，就是業務經理有所屬的專業任務。這一點我們可以馬上做評估。另外就是要評估他擔任上級單位的領導能力。

在業務經理的專業能力方面，職位說明也有闡釋：

- 領導級工作人員的錄用
- 薪給津貼條件及標準的訂定
- 廣告行為決策
- 一萬馬克以下的銷售點的整修
- 租新店面（地點、租金、契約內容）
- 決定採購或出售貨車

• 主導地區經理會談

從這些專業任務可導出下列的監察要點，雖然執行這些任務所需的一般或特定別規定都很清楚，舉例來說：「新店面大小至少要有六百平方米」。

• 前半年錄用了那些新的地區經理？根據人事資料檔案可評判錄用條件。

• 上一回提議加薪的理由為何？該理由是否合乎個人評估或能力？某些工作人員的能力可由其表現或做比較評估。

• 前兩個月的廣告方式有那些及範圍有多大？特定廣告方式的花費有多少？有不同的廣告商嗎？有些店採用廣告傳單的理由為何？宣傳的範圍有多大？

• 前三個月所遇到需要店面整修的狀況有那些？原因為何？成本計算可做一次評估。是否有做不同建商的比價動作？

• 租新店面是否顧慮普遍原則？參觀新地點時是否有做地段品質評估？

• 去年貨車至銷售點的公里數為多少？有些貨車修理費是否過高，出售會不會比較划算？採購進來的貨車有那些規格，價格多高？有沒有更好的採購條件呢？

• 業務經理如何主導地區經理會談，成效如何，可由議事程序、會談氣氛、結果、溝通過程、地區經理的參與狀況等項目評估。

領導能力方面的一般要求為：

• 使其職員遵守職務說明工作、決策

- 有目標的指導
- 處理特別任務
- 考察成果績效（成果評估）
- 對職員做定時的考察堅督

由上看來，一個業務經理的領導能力和態度如何，可間接由公司業績及工作人員的個別表現來測量。公司命令的執行速度及品質也可勾畫出領導人員的能力。

領導人員的能力及態度的一個良好指標就是業務考察。除了書面報告及數據外，還有一些其它的測量指標：

- 考察項目是怎麼選出來的？
- 上級單位的就事方面確認？
- 他怎麼評估這樣的結果？
- 有那些批判及認同產生？
- 在考察過程中有沒有一些有趣的新觀點？

身為考察的上級單位─業務經理的上級考察單位為行政委員會─也可以深入察看個別公司單位。這裡有一些例子，橫跨整個公司，可提供一個宏觀的公司狀況，也可做為評估標準，測量業務經理是否貫徹職位說明內訂定的目標。這樣的考察包括：

- 透過行政委員會詢問上回考察狀況。

- 和業務經理做意見交換，討論公司營運、能力問題、所屬工作人員、合作狀況等。運作的不太好的有那些項目？
- 考察公司營運的命令執行狀況。
- 監督會談的執行狀況。
- 共同分析：營運比較、職員考察、獎金制度結果、成效、作用。
- 工作法庭案件分析、投資決策及特定工作人員群的更動。
- 詢問業務經理有關特定公司行為或特定能力指數的知識，這些知識是業務經理必備的。
- 顧客宣傳運作。
- 新租店面的評估。
- 業務經理、銷售經理、地區經理的門市參觀，他們所做的分析結果。
- 不同職員等級的業務考察評估，確認公司的領導績效及領導風格，這裡可以得知企業的工作氣氛。
- 特定時間內特定項目的成本分析。
- 貨車行駛證明的分析。
- 倉儲貨運部的組織分析。
- 全方位的參觀評估門市（收銀流程、包括次要地區的店面整潔、商品擺設、生鮮控制及其它）。

各項結果應該先簡單描述確認。如果考察要點項目已定，接著便做評估。從這些共同和業務經理的對話中，通常會產生一些公司雙方領導層面上有利的結論。這類考察應該在和悅的氣氛下進行，而不是以秘密行動的方式來進行。負責考察的人當然得清楚，不發生錯誤是不可能的事，但是重要的是，錯誤中可學到教訓。

我們可以看見，監察可以做到非常細節的層面。但是，雅帝行政委員會定時大規模的公司抽樣考察，為公司上下所有的領導人員樹立了一個良好的典範。其著眼點大多在於避免不必要的浪費，重要的領導觀為：還有那裡應該或可以改善？那裡的失誤是可以避免的？抽樣調查比持續的例行考察更有用，而且更便宜。

這裡我要再提一次，很多企業的大大小小危機都可因為這樣的工作制度而避免。在雅帝，考察和扁平化是重要的成功因素。大危機根本沒有闖入的餘地。

通常，上級單位對監督義務的反應，比職員更不舒服。很多領導人員有被過度要求，不勝負荷之感。這種抗力來源在於：因為領導人員不願常常板著臉，用嚴厲的方式對話，或者不知道如何開口批評工作人員。他們常常沒辦法評估其職員的專業能力－儘管他們非常清楚自己的專業領域，對於職員的專業職務卻常所知有限。上級單位要評估所屬的領導能力時，雖然這也是重要的例行事務，但他們很容易更感不安。於是他們常會放棄監督批判，逃避責任。

上級單位應該要好好學習監察技巧，履行責任義務。這裡可導出股份公司監督委員會的責任及工作。

哈茲堡模式，也就是雅帝應用的模式，後來遭到不少批評，被視為現代管理經營大忌。主要的被批評點是反過度的官僚運作，這一點在我看來確實也非常多餘。這種學院派的模式很容易有「業務強人」的傾向：人總想要更多、更新、更重要的東西、更好的供給。但雅帝沒有這麼官僚地運作。

## 實際的線上作業取代理論的計畫作業

清楚的線上導向是雅帝和其它公司的一個很大的區別，其它公司多用企劃處處理一些專門的任務。雅帝沒有這些所謂的企劃處—理由很好：企劃是多餘的。把任務帶到前線處理，實際操作，直接執行應用，其效果明顯地大得多。工作人員藉此可獲直接試驗的機會，不用事先再問誰。這樣可避免時間上的損失及漫長的執行過程。附帶說明的是，新點子的接受度問題較少，這個問題常是企劃處的頭號大敵。

在雅帝，新的建議從前都是由小組合作討論提出的，如倉庫主任小組。所有的業務經理會拿到這些討論會談的紀錄，審視各項要點，有個印象，以便以後在他自己的公司範圍內執行時可作個檢驗。遇到比較重大的案例時，類似倉庫經理級的工作人員也無法處理時，會召開業務經理會談，以作決策。期間雅帝已廢除倉庫主任和銷售經理的會談。但是在大原則上基本上維持不變。

赫幕特・茂歇爾（Helmut Maucher），雀巢的行政委員會總裁，在一場演講中曾對雅帝實務做深入的探討：「每一個不清楚自己要什麼的人，才需要一位軍師，替他寫下他要什麼。某些部門會問『你是要幫我解決問題呢，還是你也是問題的一部份？』我們有很多專家可以精確的分析，可是提到為什麼結果會這麼差，卻沒有半個專家做得出半個可行的改善建議。」

對於很多有設立門市的公司來說，不可缺的計畫部門是負責核計門市帳務的審計部門，這樣可以減輕地區經理及銷售經理的負擔。他們不僅減輕工作負擔，責任也相對較輕，但這也就成了結構上疏失的地方。上級單位還要透過監察單位執行門市及職員的考核工作，彼此信任地互相合作。他們不需要干擾合作的同事，更何況他們知識不足，資訊也不齊全。控制部門的意義也大有問題，這些籌畫性的工作應該交給第一線的經理。計算部門或會統部門可提供基本資料。

關鍵在於，實際操作負責的工作人員才有解決方案。光是他們每日執行工作的直接責任就是有責任感的考量及建議的保障，畢竟他們才是實際上要承擔結果的人。

如果很多職員能夠列入品質團隊內，很多不必要的浪費就可以免除了。舉個例子來說：一個重要的造船廠有個大案子。完成的時間非常緊迫，而且沒有人認為這個案子可以如期完成。實務工作人員同時知道延緩的原因和加速工作的可能性，但是沒有人問他們。這樣大的案子，公司大概需要一年半的製造時間。在另一家加拿大的競爭廠商，同樣一個案子只需要五個月的時間。這兩家公司最大的區別在於製造時間：聰明的組織。對於它的細節，德國公司的工作人員也很清楚。只是沒有人問他們。真正掌職責和能力的人不是他們，反而是籌畫部門和領導部門。這個例子告訴我們，單一公司還可以做的有那些，或者像德國這樣的國家，在解決問題時，也可以好好衡量本身的處境。

執行線上的經理，不像企劃部門，還有空閒可以做那麼多紙上作業。短短的報告就清楚明瞭了。簡短的報告迫使我們要看透事情的本質，找出重點。推薦的方式是「一頁備忘錄」，報告只有一頁，數據不要太多，可以直接討論。數據少的報告可帶來較大信任感。美國作家約翰•史坦貝克（Jahn Steinbeck）曾說：「寫小說的第一步，必須是能把目地用一頁的敘述來表達。」

## 愚者一得

雅帝的數據統計是用一隻手就可以數完的。它們非常簡單、容易理解，一點都不「學術」。只有必需的資料，會在內部控制及資訊系統做處理，讓人見樹也見林。

雅帝不需要每項產品的「產品直接獲利率」的資料分析。在雅帝，他們知道那些資料對公司來說很重要，焦點就放在這方面的資料。在其它公司努力分析數字的同時，或重要的工作人員連續幾個禮拜忙著做預算時，雅帝早已過了想的階段，把一切點子付諸行動了。

對很多領導人員來說，盡可能用少數重要的資料來達成目地，比登天還難。感謝現代的分析工具及先進的資料處理技術，現在我們可以任意保有有用的資料，把它們和其它資料組合起來，存檔在辦公室。例如在土耳其，很多經理級的領導人員愛極了用一大堆數字來進行理論上的考量。很多大公司的核心領導人都還用市場所佔份額、平均採購次數、或擺在收銀台的顧客分析調查，不同地點不同時間的銷售額等資料，來塑造顧客形象。他們忙著貨架商品擺設的最佳化及顧客研究，卻不知顧客為什麼買那個產品，或者他們到底買些什麼。

到處普及的控制、籌畫部門、忙著詮釋統計數字的領導人員會議，應該有省思的地方，就像德國諾貝爾獎物理獎得主傑特・畢寧（Gerd Binnig）所說的：

「有創意的表現要求一定程度的愚蠢」

這裡所謂的「愚蠢」，就是捨棄資料的意思。知識太過豐富的人，可能很清楚既有的現象，但是卻很難創造出新的東西。

資料是很足夠，但是卻缺少了最重要的訊息。我們怎麼在成千上萬筆的資料中把和決策有關的訊息找出來呢？舉例來說，從成本結構中就可以找出很多有用的資料。很多複雜高明的嘗試試圖將成本分為成本承受者和成本單位。商業界有一陣子非常流行「直接產品獲利率」，這個系統把很多經理弄得迷迷糊糊的。過去和現在人們仍忙著搜集大大小小的資料，以為這樣對決策有所助益。時間卻證明了，這是沒有太大用處的。所謂的「直接產品獲利率」早已不聲不響地被擱到角落去了。

## 附帶說明：直接產品獲利率

在美國發明，在德國被雷威集團密集採用。直接產品獲利率有好一段時間對製造商及企業經理的吸引力非常大，好比現在的「有效的消費者回饋」一樣。關於直接產品獲利率的知識及範疇，常會影響商品政策的決定。原則上，它和引進獲利率高的產品及捨棄獲利率低的產品。有關直接產品獲利率可使公司商品的成本及獲利結構透明化。直接產品獲利率是計算一項商品的成本及獲益差額的直接方法。連帶算進去的有貨運成本、運輸成本、店租、店面設備費用、人事成本、存貨利息和能源成本等。

這樣的嘗試在企業管理經營早已不是新聞。公司需要價格政策的基本原則，但是價格由市場決定的情況卻少於被日用品零售商決定的情形。於是，他們就直接把買進的價格，已佔成本的百分之七十到八十，連帶算進去了。有沒有必要把店租算進每樣產品百分之二的成本或貨運費用算成百分之零點二的成本，還有待質疑。不考慮上面所說的，光是純理論上來說，要正確的計算出造成成本負擔的真正成本，本來就很困難了，甚至是不可能。店租應該是固定成本，和商品沒有直接關係或被算為產品的周轉率。

再者，每家店最多的支出，也就是人事成本，也被列入商品的成本來源。超市的人事成本大約為銷售額的百分之十四。為了要把人事成本也列入特定商品成本或特定商品群的成本，發展出一種方程式，來計算這個成本。人事成本和待移動的存貨（用陳貨架長度表示）及移動的頻率（用商品的周轉率表示）有關：

$$Z = z \times \frac{UHy \times My}{UHy \times My + UHs\text{-}y \times Ms\text{-}y}$$

| | |
|---|---|
| Z | ＝商品群 y 的人事成本 |
| z | ＝店面的絕對人事成本，不含服務部門 |
| UHy | ＝商品群 y 的每月商品周轉率 |
| UHs－y | ＝全部商品的每月周轉率，不包括服務，也不包括商品群 y |
| My | ＝商品群 y 的陳貨架長度 |
| Ms－y | ＝全部商品的陳貨架長度，不包括服務，也不包括商品群 y |

不看理論和實際上的困難，最重要的問題是，這樣的算式意義為何？企管顧問公司及美國食品行銷公司，絞盡腦汁想辦法要向各公司證明，這個計算式的發展對未來商品行銷來說，是一項革命性的必要發展。

電腦塞滿了許多資料，做了許多計算，但始終沒有回答，商品政策要注意的範疇有那些？公司的方針才是首要之鑰，而公司方針要回答的問題是，為什麼顧客應該或一定要到某家店消費。

從這些問題的答案可得出非常具體的商品政策考量。採購先和供應商商討之後，決定特定的商品及其價格。像一罐「特級青豌豆」所帶來的租金成本、能源成本或人事成本、它佔貨架的二十公分會有什麼影響，簡直無法想像。就連對商品政策來說，一罐青豌豆是否造成百分之八的人事成本，或一盒紙尿布造成百分之十七的人事成本，根本就無所謂。市場價格只有一個不能忽視的地方。有些公司因為計算錯誤，把和目標無關的成本，排除到市價外了。這也是為什麼直接商品獲利幾年後就銷聲匿跡的原因之一。

# 專精務本

所有的公司都把直接產品獲利率的公式當作寶，但雅帝連這件事都懶得理，因為它正忙著提高銷售量，降低成本的大事。雅帝不自覺的照著傑特・畢寧的思想走：不用太多數字和分析，寧願仔細思考事情間具體的關聯性及如何在顧客身上創造更好的業績。

很多公司把時間浪費在氾濫的分析上。中層管理階級的人員無暇做一些工作，創造了額外的工作機會。自己職務內的工作時間變少也有幫助，不致因為無法可行，壓迫到重要或優先事情的執行，較有意義的是爭取零碎時間和工作人員及同事會談。其中包括了很多專精務本和捨棄漫無止境的會談的想法。丹尼爾・哥地佛還因此建議很多「座談會」，要用「站談會」來取代，才不會浪費太多時間。期間雅帝已經把同等職級工作人員間的會談取消了，如銷售經理間的會談。連以前很重要的中央採購代表和各地區經理間的會談也不再舉行了。採購人員現在周末有非正式的碰面，也會有供應商可提供會談材料和特別享受，這就是個告訴我們捨棄這類會談也可能帶來負面影響的例子；或者說，好的組織可以帶來什麼樣的解決之道。在這個情況下，雅帝就得仔細考慮，領導階級人員之間要如何或在什麼程度上做溝通。

雅帝的精簡資料還包括，只讓職員知道直接與該職位相關的資料。這樣一來，競爭對手及大眾媒體只能拿到很少有關雅帝集團精確的資料，除了埃森和默海行政委員會委員外，幾乎沒有人知道，南北兩個集團的所有銷售量是多少，德國或外國的總銷售是多少。今天，這些資料要不要保密與否，已經不是那麼重要了，在最初幾年，這些資料確實是對對手非常重要的。很多競爭廠商在多年前提到這個「亂來的」銷售方針時，都只是搖頭嘆息，若他們知道，這個「亂來的」銷售方針，竟帶來這樣大的銷售量，恐怕當時的反應就不只是把頭鑽到地洞裡，或者在會議上狂妄的批評此法愚蠢了。

## 統計與內部競爭

一個非常重要的領導方法，就是藉著會談、會議或職位說明，不斷讓工作人員明白，最大的工作效能及持續改進的期望。這些能力有時也有被測量，如門市、倉庫、貨運部門每個工作人員生產力、銷售額，固定時間內的雅帝各公司或部門間的工作效率及成本花費的比較也包含在內。時間上的比較，例如與上個月或去年所做的比較也是重要的指標工具。這種比較可額外做為公司比較及相對發展的評估或計畫指南。

測量工作效能所帶來的是一種競爭，這種競爭的尺度使得控制部部門、其它的預算或計畫的期望值變得多餘。做實際值的比較時，所比較的是事實，而不是做期望值和實際值的比較。直接表現在金錢銷售額和成本，是一個有用的尺度。仔細謹慎審視少數數據，追問背後真相，比用電腦處理大量的數據，做所有可能的關係比較，意義更大。機器算出來的數字滿意度是不適合用來領導公司的。

人類喜歡工作，因為他的工作有意義，至少在他的工作是有成果代價時。如果一個公司可以傳達這個意義，肯定這個價值，那麼它就成功地創造了一個企業文化要素。這個工作在雅帝反應在其高度競爭力、市場及顧客的接受度。這些是有意義及值得驕傲的成果。甚至有人說，前幾年雅帝還正面地影響德國的通貨膨脹率。雅帝的工作人員可以引以為傲，因為這是他們的工作成果。

雅帝如何辦到的，這些原則也可用在其它公司：

- 製做簡單清楚的資料大要。
- 沒有分攤。
- 沒有分攤關鍵。
- 尋找測量尺度，如時間上的比較或公司、部門間的比較。

舉例保險費來說，不研究一月份對整年帳的部份，也不分攤在十二個月裡，而是在總結算裡列出一月份的帳。這樣一來，讀結算表的人就很清楚是什麼。他可以很清楚的提合適的問題。統計數字非常明瞭，也不會都成了平均數，沒有人知道意義為何。這種統計的方法有一個目地，就是強迫審核者要自己親自細看每一筆帳。

處理資料還有一些技巧。確立目地、定義正確估計的可能性。簡單地說：少一點就是多一點。

值得質疑的是，從有上千筆資料的顧客收據存底所引出的「完全分析」，是否真有實際上可應用的知識。由機器資料處理結出的各種關係，還是得有人審視過做決策。分析的可能性漫無止境。但是，結論必須是對日常工作及服務顧客方面有實際應用價值。

在開始支持長好幾公里的電子處理資料時，應該先在超市裡想想看，如果考量企業目標、單一家計或純就利潤眼光來說，亞格研磨咖啡二百五十克裝與五百克裝的價格關係，是否合適。

在很多店裡，我們可以發現下列的價格關係：

亞格研磨咖啡　五百克裝　七點九九馬克
一百克＝一點六〇馬克
亞格研磨咖啡　二百五十克裝　六點四九馬克
一百克＝二點六〇馬克

扣除買入價格，商店每一百克的絕對毛利為：

亞格研磨咖啡　五百克裝　二十芬尼
亞格研磨咖啡　二百五十克裝　四十六芬尼

提正確的價格策略為何的問題，需要思考、注意小節，更需要創意。如果未來由一人組成的家計單位傾向是真的，引進小包裝的必要性也真的存在，如果大包裝的售價競爭激烈，那麼把小包裝的價格降零點六五芬尼，也就是理論上的最低價五點八四馬克的決策，很可能是正確的。每個由購買大包裝轉為購買小包裝的顧客，會提高總利潤（為了簡化問題，稅的問題暫不考慮進去。）整個店的價格印象會變好。但是若現今購買小包裝的人數很多（事實上正好相反），我們就要另做打算了。

有趣的是，在工商業領域扮有重要角色的公司，一直沒有看懂其中的關聯性。一九九七年在阿姆斯特丹召開的有效消費者回饋會議，亞格和雷威集團有一個共同的範疇經營管理企劃，由企管顧問羅蘭・貝格（Roland Berger）指導，深入研究咖啡產品行銷，它們的結論仍值得質疑：把咖啡種類歸入兩種策略「頻率導致者」（五百克裝）及「利潤創造者」（二百五十克裝）。上面的例子指出，兩家公司—可能非常沒有技巧的—都沒有看到利潤創造的問題。

如價格策略的關聯性這類原則問題的思考—沒有一堆數字的負擔—和發展想像力一樣重要，例如想像或預測顧客對變動的價格策略可能會有的反應。物理學家畢寧的話，又在日用品零售業帶來印證。

到處都有無數的問題，需要有創意的回答。這些問題是業務的焦點。處理這些問題決定了目標的實踐。每一個小細節，關係成功與否，就都非常重要，這樣的思考籠罩著雅帝。其它公司則是不斷忙著照顧重要的計畫、資訊、協調、溝通、行銷、營運系統，絞盡腦汁使其最佳化。

## 資料分析抑或獨立思考

從前經理人沒有辦法追溯很多資料，他們常有資訊不足之擾。這就是我們要談的主題。考慮和想像是必要的。這一點可以實行得比較好，如果公司沒有企劃部門來考慮和想像，最好是沒有做資料分析的部門。分析部門常是沒頭沒腦的就開始一大堆的分析。最近還有發展出一種所謂的超級資料倉，也就是範圍更大的資料庫。電腦的發展創造了這些可能性。幾乎只要是理論上我們想得到的資料，電腦就有辦法找出來、儲存、分析及處理。全世界最大的連鎖店企業華爾百貨（**Wal-Mart**），就有資料庫的運作。這個系統應該是最大的商業資料庫了。**Wal-Mart**的經理不被這樣龐大的資料弄得眼花撩亂忘了目標是什麼，想像力被大筆的數字淹沒才奇怪哩！在 **Wal-Mart** 的人都說，資料會生出資料，他們說得真是一點都沒錯。

值得建議的是，公司領導階級自行決定公司該做那些統計。統計做出來之後，要先給某些人，或者大部份的人都看過，這樣既花時間也花金錢。有些統計結果甚至錯誤百出，因為理論出發點有很多瑕疵。所以，乾脆直接拒絕做某些統計是最簡單的方法。

另一個出路是：有勇氣接受漏洞。自己想，去嘗試，這樣自然而然就會專注在事情本質及可行的方法上，省去所有多餘和次要的。用這個方法做事的速度也較快，萬事都有風險，但是迅速地朝目標去做，比無邊無際的考量小節好得多。重要的線索是：有時也要有勇氣接受漏洞，摒棄一些東西，快刀斬亂麻，而不是每一小項都要考慮半天。這的確需要勇氣和承擔風險的能力，當然是指職責內的。

少量的數字強迫人自己去想，專注於產品、顧客及店面有關的事務，也就是對顧客消費行為的假設。然後，再去看簡單處理過的數據資料，這樣才有意義。每個數字會繼續引發有趣的問題。但是如果過於迷信數字，很容易陷入表徵世界或走入死巷。

接受一項新產品或刪去一項現有的產品，應該看的是商品組合意義的系統關聯性。通常這些考量被提出後就會有一連串的問題，接著概念會越來越清楚。此時再用一小部份有用的清楚數據來幫忙圓滑決定。例如銷售量、買入價格等。但是每次都要用比較來做尺度。

拿洗衣粉來做例子（比較「明智的產品種類的自我限制」一節），先不用數字，較容易討論。問題是，就商品種類策略來說，把歐蒙牌洗衣粉分成二公斤裝、三公斤裝及四公斤裝是不是真有意義？我們可以考慮，什麼對顧客最好。他有那些價格優勢？對他來說，重量較高的洗衣粉是否會帶來運輸上的困難？那些重量的包裝有競爭廠牌？減少商品種類是否如人所願（例如因為經營批發市場）？店內同樣商品的同包裝重量或不同包裝重量的其它廠牌有那些？用什麼方法可以達到最大的顧客效能？顧客的真正希望為何？

有意思的是去問，公司產品的銷售額是要一個月（或甚至一個星期）或每一季看一次？我提倡每一季看一次，因為時間太短很難看出端倪，短期的結果可能是假象。而且公司的政策，這裡所指的是商品種類策略和價格策略，原則上要用長遠的眼光來做，短期的變動及匆忙的活動都應該避免。此外—幾乎是核心點：每個月看一次資料的工作量等於每一季才看一次的三倍。這樣容易使得商品種類的工作只停留在表面，可能又要動用助手、企劃部或分析工作。雅帝只用少量資料作業系統的優點是，「老闆」自己也能，也必須看過資料。

全世界存於公司行號的普遍現象就是—做預算，也就是做一些短期、中期在數字上的一些規畫，有人把這些計畫和計算稱為頂尖經理人的玩具。這真是混淆視聽，大家都在做的事情，那應該是對的吧？雅帝卻沒有這麼做。雅帝有錯嗎？這在很多公司是重要課題，這裡就是雅帝本質上和其它公司的區別，和別人相反也是有意義的。筆者曾在「綜觀經濟」雜誌中提到預算的意義與荒唐：

## 附帶說明：計畫數字的意義與荒唐

我們適才把業務年度的計畫及現存的偏差介紹而且謹慎解說過。我們在做計畫時發現了錯誤或做了錯誤的假設，忘了一些重要的地方；暫且不論，事情的真相就在我們計畫中沒有考慮到的地方。秋季又到了，又是我們做下一年度計畫的時間。我們處於不確定性中，不知道公司下年度要朝什麼方向走。於是開始用計畫數字耍雜技，忙著做圖表，好幾個星期公司也不務正業，忙著預算計畫會議。

加上過度的計畫干擾我們的創造力。諾貝爾物理獎得主，傑特•畢寧在他「空穴來風：關於自然與人類的創造力」一書中提到：「有創意的表現要求一定程度的愚蠢，愚蠢取其捨棄資訊之意。知識太過豐富的人，可能很清楚既有的現象，但是卻很難創造出新的東西。」

當然計畫在一定尺度之下的預算是合理的。舉例來說，如果是監察小組想知道下一個業務年度的期望值。基本上，一個根據前年為基礎的成本和利潤的大致規畫，就非常足夠了。同理，一定範圍內，依各部門特色做的財政、流動資金及人事計畫也是合理的。

其它公司可能會張口結舌，因為雅帝證明了，計畫確實非常多餘，可免除的精力工作之多。這個世界上最成功的日用品企業，用幾乎全盤捨棄計畫和一大堆的相關工作，創造了三百億馬克的銷售量。

其它的公司不專精務本，考量顧客權益，經營業務，反而把大部份的時間和精力，花在最沒有用處的地方，迷失在虛幻的數字世界裡。這些數字有好有壞。在雅帝，要用的數字很少，用得到的都是最重要的，對經營公司有用的。沒有期望的計畫數字，只有實際值。這些數字容易算出，容易理解又有說服力。**在雅帝，我們很清楚公司經營不需要過度計畫**。

舉個實際上日常生活的小例子：有一個公司分成三個銷售區。六月份和計畫值的偏差如下：

第一區（六百五十個顧客）　—五・二％
第二區（七百五十個顧客）　—二・一％
第三區（三百個顧客）　—六・三％

從這些資料可以做出什麼結論？第二區的經理工作得比較好還是他做計畫的出發點相對謹慎？經濟景氣或競爭的預估錯誤了嗎？為什麼有這些差異？

若做個實際值與實際值的比較，就可以分成組別或個別的與前年的偏差，或是組別間及個別比較。這裡要找到解釋就容易多了，因為比較的是實際值。

那些是影響期望值的原因，可以從下面這個例子看出來：地區經理麥爾得到銷售經理的讚賞，因為他把公司未來的銷售期望值訂得很高。正因為他知道會被讚賞，所有他把銷售額計畫得很高。地區經理米勒被批評，因為他把公司未來的銷售期望值訂的很低。有人試圖說服他提高這個值，但他也對上級有所期望。在下一個期望值與實際值的比較時，麥爾被批評了，因為他並沒有達到這個期望值，反之，米勒卻得到讚賞，因為－雖然附帶上次事件－他不僅達到，還超出了所訂目標。

企業內的計畫程序也大致是這樣。這些計畫常被籌畫部門用一堆分析和預測，耗費許多精力，試圖以學術化的方法達到「客觀化」的程度。米勒和麥爾都預期到長官要素。影響計畫值高低的解釋原因很多，但和真相有關的常是偶發決定。

有趣的是，會議裡常有解釋偏差的嘗試出現，而且又是用計畫部門的學術分析。很多解釋原因的觀點都不合時，現在沒有辦法解釋計畫錯誤，造成偏差的原因常是計畫本身。關於這一點有以下的論點：

- 預算計畫對監察小組的粗略計畫，預估下一個業務年度是有意義的。原則上，簡單大略的計畫就足夠了。

- 計畫對特定的領域有用，如財政、資金流動、投資。
- 計畫用來做正在進行的控制或公司成果評估的尺度是不合宜的。
- 計畫不適合用來做公司經營的成果或工作人員及部門考核的標準。
- 計畫所要花費的時間和金錢之多是不可取的。
- 一整年的發展規模，是沒有辦法用短短幾個星期的時間設想出所有細節的。這是每天都要做的工作，而不是秋天才要做的事。
- 比較有用的數據是以前的數據（前年或上個月）、同類部門或公司間的比較。要比較的是有解釋可能性的事實間的比較，而不是不明的、任意的假設與實際的比較。
- 計畫部門和其花費可以完全捨棄。作業前線負責的經理有了計算工具的協助，比其他人更有能力做重要分析，而且可以馬上做出可應用的結論。

有些公司可以完全不要諸如此類的計畫。他們不但節省時間和金錢，也很有效率。他們專注於可行的細節，目標是持續改善。**這些公司套一句現代用語—非常精簡。**

## 具體個別案件之決策

重要事情由一個人做決定的狀況在雅帝很少出現，所有關組織上設新組、或重要流程的決策，都得先經過仔細討論，或每六周舉行一次業務會談。同理也適用於商品種類政策及價格策略等一致性的決策上。這裡會研究每一個因素和每一個產品。

業務會談所做的決策原則上會充份地討論，盡可能的包含每一個想法、細節。這些決策很少是普遍性的方式，而是具體地就事決定。決定的基礎是不成文的雅帝文化。對雅帝來說，沒有很多像其它公司一樣擁有成文一般適用原則，好處很多。雅帝有條件直接面對個別案件，因為公司的結構非常簡單，商品有限，處理每單一商品的可能機率就比其它公司大得多。

很多超市企業都有規定，一定要或原則上要包含知名品牌的商品。此外，可和雅帝的最低價水準競爭的產品也會被選出來。中價位品牌的商品也會被選出來補充，如第二或第三的國產品牌。

另外的規定可能是這樣，定價低於特定競爭廠商的百分之五，或參考最便宜的廠商，但絕不可低於買價賣出。像這樣的規則，常是決定所有商品政策的關鍵。每個採購及銷售部門的工作人員都有法可循。他們認為，「上面有寫」或「下頁有寫」就是他們行事指南。

這些規定的真正問題到底在那裡？它們是否經過深思熟慮？它們也適用於個別案件嗎？它們也可用於處理偶發案件或特別案件嗎？

每個公司都應該這樣設計公司，使個別案件、個別產品、個別顧客及個別的生產過程能列入考量。這須有扁平化和授權制的協助才會成功。太多一般規則，常會發生錯誤，非常危險。

湯姆・彼得斯非常著迷於無限的零售商潛力。他也注意到零售商擁有的優勢。他認為零售商最迷人的地方就是，它不受經營荼毒，店老闆是不受限的統治者，在他的王國內他有絕對的優先權。可惜經營大師在這裡也迷糊了，也低估了規定的作用。規定成了遙控商品種類價格因素的器具。所謂的「統治者」在店裡也只有一個好處罷了，就是他的上司沒有隨時在背後盯著他看。

## 行政委員會

行政委員會是雅帝集團（原則上是每一個雅帝公司）的最高決策單位。它有權力及能力決定每個事項。和每個公司的最高決策單位一樣，它可以將每個現行規定或實務取消。在行政委員會就可以看到本書所描述的雅帝文化及組織的蹤跡，整個企業的未來也在這裡決定。這裡決定的首先是行政委員會的人格，行政委員會有集中決策的傾向，這可能和雅帝的公司期間已成長到三十家（北部區域）有關，真正的原因卻不在組織上的考量，而是依賴人員的發展。業務經理的意義下降，他的決策發展可能性也下降—也許還有他的動力。雅帝的領導人員必須想想組織和領導的關聯性，如「好的組織可平衡領導缺失」一節中所述的。競爭愈烈的過程中，不是所有的缺失都可用中層管理來彌補。

行政委員會現在除了主席提奧•亞伯列希特、他的兩個兒子小提奧及貝特霍爾德及另外三個曾任雅帝公司業務經理委員。行政委員會委員是單一職。並不是控股公司或特別公司的職位。如前所提，很多企業結構缺失可因此避免。行政委員會和監督委員一樣在個別的雅帝公司發揮作用，它具有監察作用，也有決策及策畫功能。

這樣一來，行政委員會的權限當然就很大了，這個權力過去沒有被充份利用，今天情況又不同了。過去，行政委員會一直是提奧・亞伯列希特和雅帝公司之間的濾網。行政委員會有決定領導人員薪給的權利。過去，提奧・亞伯列希特和其它成員的情勢非常有趣。其它成員角色有點類似領導人的工會，對抗「雇主」提奧・亞伯列希特，這個「保守又節省的商人」總是有壓低薪給的傾向。其它委員在做這種決定時，總會提出充份的反對理由，公司所有人的特定意圖就這樣被其它委員這個濾網濾掉了。

委員會的工作風格，強烈地被個別的委員所影響，尤其是提奧・亞伯列希特。他追根究柢，很多次要的問題也要花很長的時間討論。他總擔心，沒有找到最好的方法，產生錯誤。所以，他非常傾向精緻監督過程及各項決定，連最後一個不規則的死角也要想辦法規範。這種行為來自對人的不信任。儘管如此，由於授權制的協助，會內還有一定的和諧工作方法。

## 公司所有人有什麼話要說？

我的主觀意見表達了我和提奧・亞伯列希特共事的經驗。這個說明對認識雅帝非常重要，因為企業家卡爾和提奧・亞伯列希特對他們的影響非常深。

卡爾和提奧・亞伯列希特工作風格迥然不同，眾所皆知。提奧・亞伯列希特是個細節主義者，卡爾・亞伯列希特則是個「忠於聖經的」衛道者。卡爾・亞伯列希特期間已退出活躍的業務。提奧・亞伯列希特則一直非常活躍到他七十五歲才退出。這裡又可以看出，六〇年代初期的兄弟分家是不無道理的。

提奧・亞伯列希特由於個性的緣故，很難不插手管理業務。他出身就是個謹慎的人，所以他想保有控制的感覺。這當然只有每天一大早就出現在公司才有可能。他擅控制的習性，也可從他把兩個兒子都弄進行政委員會這回事看的出來。

這裡有一個很有趣的問題，雅帝公司（這裡指的是北部集團）怎麼能如此成功，歷久不衰，儘管其所有人對人採取不信賴態度？更奇怪的是，這好像和前面所述的雅帝的種種良好德行格格不入。這個集團的一個很大的優點，或是幸運，是所有責任領域不須妥協的扁平化制及授權制，這一點連提奧・亞伯列希特也很清楚。所以雅帝公司的業務經理，在操作實務時，可以沒有干擾地經營，使他的權力可以得到適當的發揮。提奧・亞伯列希特直接的影響力僅限於行政委員會，對公司有如同保護牆的作用。基本上，提奧・亞伯列希特因為個性的關係，不算是不須妥協的授權制的擁護者，因為他缺乏對人性的正面評價，也就是信任的必需基礎。他的態度如果沒有行政委員會的把關，很可能會帶來傷害。儘管如此，提奧・亞伯列希特還算是個可信賴、舒服的工作伙伴。友善、從不大聲嚷嚷或情緒失控。他是行政委員會像慈父的上司，可學習之處多於可批評之處。

所有人初期的嘗試到現在仍帶來巨大的成果。專業的經理人影響亦匪淺，北部集團先是有艾克哈得・阿斯貝克（Ekkehard Asbeck），後來有奧圖・胡本那（Otto Hubner）；南部集團的霍斯特・史丹費特（Horst Steinfeld）和烏立希・佛爾特斯（Ulrich Wolters）。他們是公司組織的設計者，後來和卡爾、提奧・亞伯列希特共同維護原則忠誠。

提奧・亞伯列希特可以用他專精小節的精神，和優秀專業知識，樹立很多良好的典範。除了他專職的行政委員會的職位外，他從不要求跨行做一般上級或業務經理的工作，這應該可做為其它公司的模範。人們可以注意到他的特別之處，典型的提奧・亞伯列希特，首先引人注目的是他特別注重小節，再來就是他「健康的」不信任感，這是來自對公司損失的懼怕，在他私人生活也看得出來。在旅館住宿時，把東西放到房間後的第一件事，就是找緊急逃生路線，一個理智且標明他的謹慎行為。

此外，行政委員會的主席提奧・亞伯列希特，常忙著研究費用及個人專長的事務。公司所有人當然希望他的看法會得到認同並被接受，我的工作經驗告訴我，這是典型的，站在頂尖的人常會把自己當做一切的標準。

所以，行政委員會的主席提奧・亞伯列希特開始計畫一個新的雅帝公司大樓管理員的住宅，思索臥室如何布置。他請行政委員會的某一個委員研究一個問題，厚的還是薄的廣告紙張比較經濟？同一個委員還要研究，電話中心的桌子怎麼擺最好。這些小事可能會使熱好效率和責任的經理人大傷腦筋哩！

另一個組織上重要而且成功的決定，就是一個雅帝公司只讓一個業務經理領導，不是多頭的經理群。若業務經理選對人最好，若選錯人，那可以換人做做看，或者請他多努力點。

這樣一來，和行政委員會一樣，問題就可避免在執行業務時發生。

## 雅帝組織的特色

在「追求卓越」八年後，湯姆・彼得斯的所知有了重要結論：

「八年前所發現的成功企業八大方針，其實可以集中在一點，那就是扁平化和自律。」

——湯姆・彼得斯

其中成功的秘訣在於，扁平化把公司內的工作人員都造就成企業家。我認為這個領導原則和組織，是雅帝組織上的過人之處。

雅帝和其它企業在領導和組織上最大的區別在那？為了和雅帝其它方面的特色區別，我做了以下的整理：

**雅帝組織和領導上的特色為何？**

目標明確

簡單明瞭，人人可行。

徹底的扁平化制和授權制

也就是說：盡可能的扁平化，但關鍵是徹底的實踐。

**有系統的監察**

每一個扁平化的任務都有一個好的監察系統。

**少量的資料及統計**

促進思考的勇氣，不靠數據的創造力。

**捨棄籌畫部門**

所有的特別任務都由執行的經理來處理。

**不做預算**

聰明的實際值比較是所有評估的標準。

**前線的頂尖經營**

一級的經理人必須察覺顧客地點的風吹草動。

從上面的原則出發，雅帝發展了很多解決細節問題的技巧，這裡就不再贅述。最重要的還是實踐！只有真正去做才能知道了解困難之處在那，尤其對那些和實務直接相關的工作人員來說。

我在德國，尤其在義大利和土耳其的工作經驗，收集了一大堆的實例，說明了執行是多麼困難的一件事。思想狹隘，由於另一種生活模式的緣故所帶來的缺乏想像力常是主因。一位頂尖的經理人，在知名品牌工業任領導階級多年，到了像批發市場這個他也承認看來簡單的系統下時，所遇到的困難是無法想像，就好像是要自動飛行的空中巴士的機長騎驢跑一樣。

# PART 3 雅帝觀念與原則

雅帝管理團隊知道，零售業的價格戰爭不可避免，所以雅帝的原則是「盡可能的最低售價」，但品質比一切重要，所以雅帝的自有品牌策略開發出的產品，有些甚至優於知名廠牌，讓顧客買的安心。而供應商與採購人員更是遵守分際與專業，必定要使上架產品能通過最挑剔客戶的考驗

## 雅帝銷售策略五大原則

研究成功的企業時，常要問一個問題，也就是它們市場領先地位的根本原因為何？克勞斯・維加特（Klaus Wiegandt），美特羅控股公司發言人，提出了三個成功因素，這三個要素是他分析歐洲及美國成功企業的心得，也是設立新的美特羅應考量的：

・單一結構—只有一種經營形式

・貫徹性與謹慎心

・外國市場優先經營，若國內地位已固定

很明顯的，維加特在分析的同時，已有特定的公司想像：雅帝是他所定範疇內典型的成功企業。

美國的企管顧問麥可・崔西（Michael Treacy）和佛瑞德・維瑟瑪（Fred Wiersema）也把雅帝和電腦製造商戴爾（Dell）歸類為「操作型的領先地位」。操作型的領先地位的意思是說，在成本和組織領域發揮的最高效能。操作性功能指的是優秀業務觀念的實踐力，這裡不是指業務觀念的特別，而是業務觀念的執行。操作型的領先地位—特別是成本的領先地位—是價格領先地位的基石。另外，若沒它的有限商品政策及所有操作領域成本上的領先地位，雅帝是不可能造就其市場上的領先地位。

值得注意的是，很多重要的公司很明顯地嘗試模仿雅帝的原則，如：德國的諾瑪、利得；

也有不少說是以雅帝為榜樣的公司，如：洛勒家具（Roller）、佛比斯電腦量販（Vobis）及白獅廣告商（White Lion）等。這些公司以雅帝一個非常明顯的業務原則為指標：有限的商品種類（不引進每一項產品，不提供所有服務），好的品質及價格優勢。這些模仿者也靠著這個基本觀念創造了不低的操作效能。

企業應該要做到，業務原則和公司文化一致性的發展。雅帝就辦到這一點。儘管雅帝也都隨時做到觀察同業的動向，但卻沒有被其它公司牽著鼻子走，雅帝總是走自己的路。

雅帝的業務原則，和銷售策略有關的部份，也就是市場表現，可以用以下五點扼要說明：

- 商品種類設限
- 合乎消費者日常所需的商品
- 符合公司作業必要條件的商品
- 盡可能的最佳品質—以市場領先品牌為標準
- 盡可能的最低售價

## 市場最低售價

公司的業務格言是盡可能的低價出售商品。盡可能高價出售商品是從來不列入考慮的，這樣等於是給競爭廠商機會。這一點也在顧客觀點上得到認同：「雅帝對我們消費者來說簡直是不可思議的便宜」，一個女性消費者在日用品雜誌舉辦的日用品購買座談會中提到。有人說，在雅帝購物的兩種人。一種是「必須」精打細算的人，另一種人是「懂得」精打細算的人。

公開的媒體報導也一再的支持雅帝。由雅斯特里得・帕波塔（Astrid Papprotta）及蕊琦娜・史奈得（Regina Schneider）所創造「雅帝族」的概念，就是一個最新的證明。二十多年前法蘭克・哥茲（Frank Gortz）在他「消費指南—對省錢一族的建議書」一書中，做了六十一項商品的比價，他的結論是：「所有六十一項產品在雅帝都是最便宜的。」比較如下：

雅帝 DM 221.55

一般超市 DM 343.03（比雅帝高了 53%）

以下是一九九七年在漢堡和一家以貨色齊全，品質良好聞名的一般型超商（位於愛普多夫街的省錢超市），及雅帝德國市場的勁敵（漢姆街的利得超市）所做的比較。結果如下所示：

| 商品項目 | 雅帝 | 省錢超市 | 利得 |
|---|---|---|---|
| 保久乳 1Liter | 0.99 | 1.19 | 0.99 |
| 麵粉 1kg | 0.49 | 0.99 | 0.49 |
| 特級白砂糖 1kg | 1.69 | 1.79 | 1.69 |
| 全麥麥片 500g | 0.49 | 0.99 | 0.49 |
| 全麥早餐餅 250g | 0.79 | 2.29 | 0.84 |
| 全麥麵包 500g | 1.39 | 1.99 | 1.19 |
| 奶油 250g | 1.79 | 1.89 | 1.69 |
| 植物性乳瑪琳 500g | 1.19 | 1.39 | 1.19 |
| 脫脂凝乳 500g | 0.95 | 1.39 | 0.95 |
| 天然優格 125g | 0.25 | 0.39 | 0.35 |
| 燻鮭魚 200g | 3.99 | 7.99 | 3.98 |
| 十個蛋 大 | 1.59 | 1.99 | 1.49 |
| 冷凍菠菜 450g | 0.89 | 1.94 | 0.89 |
| 胡蘿蔔 1kg | 0.89 | 0.79 | 1.33 |
| 馬鈴薯 2.5kg | 0.89 | 1.99 | 0.99 |
| 香蕉 1kg | 2.29 | 3.49 | 2.39 |
| 洋蔥 2kg | 1.79 | 5.98 | 1.98 |
| 青椒 500g | 2.79 | 4.16 | 2.66 |
| 特級咖啡 500g | 7.29 | 8.99 | 6.79 |
| 煉乳 10%340g | 0.79 | 1.98 | 0.79 |
| 四號咖啡濾紙 100 張 | 0.99 | 2.99 | 0.99 |
| 柳橙汁 1Liter | 1.29 | 2.39 | 1.29 |
| 胡蘿蔔汁 1 Liter | 0.89 | 2.29 | 1.29 |
| 罐裝啤酒 0.5 L | 0.69 | 1.10 | 0.69 |
| 伏特加 0.7 L 純度 37.5% | 8.98 | 10.99 | 8.98 |
| 白蘭地 0.7 L 純度 36% | 8.98 | 9.99 | 8.98 |
| 櫻桃果醬 450g | 1.49 | 2.99 | 1.49 |
| 梅子慕思 450g | 1.49 | 2.89 | 1.49 |
| 蜂蜜 500g | 2.29 | 3.49 | 2.29 |
| 核桃巧克力醬 400g | 1.59 | 1.79 | 2.59 |
| 奶油餅乾 250g | 0.69 | 2.49 | 0.69 |

| 商品項目 | 雅帝 | 省錢超市 | 利得 |
| --- | --- | --- | --- |
| 巧克力餅乾 500g | 1.59 | 3.11 | 2.86 |
| 核果巧克力 100g | 0.79 | 1.09 | 0.95 |
| 核桃乾果 200g | 1.79 | 3.99 | 1.79 |
| 醃製櫻桃 720ml | 1.99 | 2.79 | 1.99 |
| 醃黃瓜 580ml | 0.99 | 2.59 | 1.06 |
| 豌豆速食快餐 800ml | 1.69 | 1.99 | 1.99 |
| 橄欖油 750ml | 5.59 | 11.99 | 5.59 |
| 洗衣粉 1.5kg | 4.98 | 4.99 | 4.98 |
| 洗髮精 500ml | 1.59 | 3.74 | 3.19 |
| 衛生護墊 45 片裝 | 2.59 | 3.20 | 2.59 |
| 牙膏 125ml | 1.09 | 1.65 | 2.48 |
| 鋁箔紙 30cm/30m | 2.99 | 2.49 | 2.99 |
| 狗食罐頭 850ml | 1.29 | 1.29 | 1.29 |
| 總消費金額 | 91.55 | 141.91 | 97.68 |
| 以雅帝為基本（百分比） | 100 | 155 | 107 |

做比較時，我們選的是雅帝競爭廠商最廉價的商品。這些不是知名品牌的商品就是競爭商的自有品牌。依據經驗，我們可以說，雅帝的商品至少和這裡列出的最便宜的知名商品一樣好，但是一般來說，比這裡列出的競爭商自有品牌商品好得多。

如上所示，在某些競爭激烈的狀況下，雅帝無法總是成功的每樣商品價錢壓到最低。但是雅帝仍是傳統上最便宜的商店，而利得很明顯是依循雅帝的價格政策。儘管如此，在利得沒有自有品牌相對商品的情況下，雅帝的價格仍便宜許多。在遇到不同容積或重量的包裝情形時，利得利用顧客換算困難的弱點，把訂價訂得比雅帝同級商品的價格還高。

和省錢超市的比較中，由於這家超市以販賣知名品牌商品為主，省錢超市在少數商品的品質的確勝過雅帝。不過經驗上來說，並根據產品測試基金會的報告，雅帝大多提供品質非常優良的產品，而且品質勝過知名品牌的情形也不少。

對於省錢超市的高價位要附帶說明的是，這裡的銷售方針和批發市場是不同的。貨品花色齊全、大面積的生鮮魚市部、外加黃金地段，這裡的確需要採用另一種價格策略。這家超市仍然人來人往，我自己也是忠實的顧客之一。企業一直有一個問題要回答：「為什麼顧客要來光顧我的店？」。光顧省錢超市和光顧雅帝的原因不同。

無疑地，雅帝確定了日用品店的價格。市場價格由雅帝來決定，至少在價格下限方面。雅帝過去調價時，很少以競爭廠商的價格計畫為指標，而是逕自訂價。如果買進價格下降，雅帝一定會自動把售價降低。這都要感謝雅帝在各方面節省成本的努力—薪水和工資例外，它們的調幅是向上，但由於人員的生產力極高，總括來說，這仍使雅帝得以節省人事成本。

## 價格戰爭

現在雅帝漸漸被迫把價格優勢做更明顯的區分。這種趨勢引起了批發價格超商間—時而也有超大型超市的加入—正規的價格戰。在市場佔有率的戰爭中，批發價超商的工具只有一個：低價。一九九四年日用品雜誌報導了一則有關「雅帝引燃價格爭霸戰」的消息。根據報導，雅帝有意把一半的商品種類價格壓低，捨棄五十億馬克利潤，光是雅帝的保久乳降價，就讓雷威集團跟著損失二億數千萬的利潤。一九九七年十月，日用品雜誌用「雅帝主動進攻」的標題，報導雅帝植物性乳瑪琳及油脂類產品的價格大幅滑落。一個星期內所有的競爭廠商跟進降價，這波戰勢當然也用來對付雅帝死硬派追隨者利得和芬尼超商。

最近幾年來，雅帝得和迅速擴張價格政策又頗具侵略性的利得對抗。就是這樣才開始種下「價格爭霸戰」的種子。價格是利得搶攻雅帝市場佔有率的唯一利器。前面所提的價格比較，可以清楚的看出，市場上的局勢讓雅帝並不輕鬆。

一九九七年五月，芬尼和利得間有一場價格戰。兩家公司各有不同的問題要解決。利得的問題和它整個歐洲成長速度太快有關。並不是所有地點的營業額都達到期待的成績，有些連必要的成績都沒有達到。芬尼則是在它無形中走向軟性批發超商（只有部份廉價商品）之後，有好長一段時間，試著重新定位硬性批發超商（所有商品都很廉價）的位置。

從價格戰的觀點來看，一九九七年五月日用品雜誌的文章也期望雅帝「狠很地回擊」。發生了什麼事呢?雅帝並不贊同這樣的解決方式。雖然由於雅帝本身沒有問題，也的確有本事在不動根基的情況下抵制這種情況。利潤幅度也足夠在價格上再做調整。但是若雅帝一有反應，其價格就會比所有其它公司價格更低，這是理所當然的問題。所以反而會帶來整個行業的利潤衝擊，但這對消費者當然是有好處。

## 品質比一切重要—自有品牌策略

決定雅帝成功的關鍵要素除了盡可能的低價策略外，還有品質和連帶的徹底自有品牌策略。雅帝引進商品的百分之九十五都是自有品牌，也常是由知名品牌的製造商所生產的，如：巴森、德玻卡列、布蘭達斯、村普、雀巢、聯合利華等。沒有人把這個方法發展得更淋璃盡致了。

這個技策的成功本質上和產品測試基金會的結果有關，在它的測試報告中，雅帝自有品牌的產品甚至優於知名廠牌，但價格卻便宜很多。供應商都很清楚，如果他們的產品測試成績不好，很可能會被嚴重的制裁威脅，如果一個供應商原來供應雅帝六個貨倉的產品，馬上就會被刪去二個貨倉，一直到產品品質改善為止。至於較差的產品則通常馬上會被刪掉。

供應商知道雅帝對品質的要求。他們盡可能的用最好的原料和加工。由於供應商和雅帝並沒有長期的契約關係，所以雅帝可在沒有法律問題的狀況下，立刻中止契約—通常都在等待期之後，等現有包裝的產品消耗完畢。但是雅帝很少這麼嚴厲，因為該供應商可能會馬上陷入困境。所以，雅帝不傾向和過度依賴雅帝的供應商交易。雅帝也會及早尋找備用的供應商。

在希斯案（一個很大的麵包製造商，一九九七年申報破產），雅帝越來越多的品質及交貨問題出現後，仍相對有耐心處理。但雅帝最終還是要有所行動，因為它不能影響在顧客間的聲譽。供應商的這種缺失，原則上仍歸究於經營不當，而不是給雅帝的價格太低的關係。

雅帝徹底的品質政策，也可以由全球日用品供應商協會（IGD）把歐洲獎項頒給德國為證明。百分之八十五的受訪者一致認為自有品牌較便宜；百分之九十的受訪者認為自有品牌產品和知名品牌產品一樣好，對產品信賴度一樣的達百分之八十四。這個德國市場印象評估也可說是雅帝奠定的。

從專業雜誌調查，雅帝自有品牌洗衣粉的市場佔有率是百分之二十五的這件事來看便可知自有品牌的重要性了。每個消費者都認識著名的洗衣粉品牌 Persil、Omo、Ariel、Weiser Riese 等，這些品牌廣告都打得非常大，幾乎每一個店都買得到。

## 咖啡的第一品牌

比洗衣粉更清楚反應自有品牌的重要性的例子為咖啡。在德國，沒有比亞伯列希特金牌咖啡評價更好的咖啡。奇寶（Tchibo）和亞格（Jakobs）在許多內部測試的成績都不甚理想，甚至越來越差。克勞斯・亞格在經濟周刊上，斬釘截鐵的說：「我們的頭號敵人，很清楚的就是雅帝。」沒有人不稱讚雅帝的表現：亞格咖啡在全德每家店、售報攤及加油站都可買得到，而雅帝只有三千家門市。自從奇寶接收亞度咖啡（Eduscho）後，所佔市場變大很多，但雅帝仍佔第三位。

八十年代中期的咖啡市場如下：

市場佔有率（一九八五）

| | |
|---|---|
| 奇寶 | 一八・九% |
| 亞格 | 一八・五% |
| 雅帝 | 一八・二% |
| 亞度 | 一四・二% |
| 美利塔 | 四・一% |

一九九四年亞格咖啡必須把在原西德地區的市場領先地位，拱手讓人：

## 一九九四原西德地區市場佔有率

| | |
|---|---|
| 雅帝 | 一九% |
| 亞格 | 一四% |

整個行業—除了雅帝和美利塔—一九九四年都得接受明顯虧損的事實。

| | 一九九四市場佔有率 德西和德東地區 | 相對一九九三年負成長 | 一九九七市場佔有率 |
|---|---|---|---|
| 亞格 | 21.8% | -12.0 | 30% |
| 奇寶 | 15.5% | -9.7 | 20% |
| 雅帝 | 14.4% | +7.9 | 13% |
| 亞度 | 10.8% | -9.4 | 11% |
| 美利塔 | 9.7% | +6.8 | 12% |

值得注意的是：上列所有的咖啡品牌，除了雅帝的只在自己的店有售，其它品牌到處皆售。另一點：奇寶和亞度聯手，現在可以創造百分之三十的市場佔有率，是因為沒有市場獨占的情形存在。雅帝仍是「暗中左右價格」秘密的市場領先者。

喝咖啡成了挨森中心午餐後的儀式。行政委員會委員和採購經理聚會一起品嘗咖啡，順便交換有上帝及雅帝世界的意見。我們可以把這個儀式叫做 C&C：咖啡與溝通。

自有品牌的成功實例也包括別的商品項目：雅帝自有品牌白蘭地酒雷根帝（北部雅帝）及帝波馬（南部雅帝）的銷售額達一億馬克，和到處皆有售德國國產品牌亞斯巴赫的銷售額一樣大。另外，北部雅帝的雷昂白蘭地和南部雅帝的皇家白蘭地，銷售額四千萬馬克直追人頭馬 Remy Martin。最後一個例子：香煙。雅帝自有品牌的香煙「七寶煙」及「波士頓」，雖然只在雅帝買得到，其銷售額卻比所有其它品牌加總的銷售額還大。

## 具品質意識的消費者

自有品牌需要自信、理智的消費者：品質與價格的理性理由對抗不明智的理由：「品牌」。正如帕波塔及史奈得所說的：雅帝顧客不需要靠使用品牌來肯定自我價值感。所以雅帝引進的啤酒品牌拉德貝格，從昔日的東德進口，二十年來暢銷各地。顧客可以因此信任它的品質，當然，雅帝特別的價格策略也有影響。

消費者有能力自行判斷品質的好壞，不受廣告影響。愛倫・沙畢洛在她「在領導層蒐尋趨勢」一書中敘述了忠於品牌時代過渡到產品價值紀元的過程。雅帝自有品牌的成功清楚的證明了一個論點：產品品質最重要。

不久會有更多重要的製造商生產自有品牌或銷售品牌的產品。德國自有品牌的市場佔有率幾乎是百分之四十—若把雅帝實際的數據也包含進去，這個數字可能會更高。所有的統計數字和市場發展研究都顯示出自有品牌的強大市場佔有率。公司或店的規模越大，發展自有品牌的機會越大。這對有些製造商來說是難得的機會，但對知名品牌產品工業卻同時是個問題，因為這些工業花在研發的經費較高，所以自然想提高市價以平衡成本。如果我們考慮知名品牌花在廣告促銷的費用有多高，便可以瞭解銷售品牌可以帶來較多的邊際利潤。

許多製造商幾乎替所有的批發市場及日用品店生產銷售品牌的產品。自有品牌包爾優格可在雷威集團（芬尼、迷你、Toom、HL）、天格曼（普路斯、列迪）、利得（批發及消費者市場）和美特羅的超市（C+C、Real實惠超市、其它一般超市）找得到。未來工商業界最重要的任務就是區分這些產品，尤其是依品質區分。自有品牌除了名聲外，更重要的是品質。

雅帝卓越的品質政策可用二點來總結：一是其產品的品質以領先市場地位的知名品牌做為指標。二則是不同品質的買價差異並不是關鍵，為了更好的品質就算價格稍高也可以接受。

## 徹底品管

另一個決定雅帝成功的關鍵點為徹底品管。在每個雅帝公司，中心領導級的工作人員中午通常有品質測試聚會。每日都會舉行公司自有品牌及知名品牌的隨意抽檢、試吃。

我常有這樣的經驗，工作人員，有時有些賓客或來推銷產品的供應商也有弄錯的時候。一般人傾向「喝品牌」或「抽名牌煙」，而不是真正注意品質的。我認識有些人，他們自認有辦法在一百種產品中辨別出原廠可口可樂。結果在雅帝中心的產品測試，他們把雅帝自有品牌的可樂排名第一位，可口可樂排名第二或第三位。我永遠不會忘記的是，有一回有個供應商自稱他的產品「透過瓶子」都聞得出來。結果測試時，他把自己的產品排名第三。第一名是雅帝商品，第二名是瓶伏特加，可能他自己也意料不到吧！我們常像小孩子一樣，花半個小時的時間，試吃努特拉巧克力醬、其它名牌和我們自己的巧克力醬。我們常要來回試吃個五六回，才能比較「確定」地做出判斷。而這些也是品管的標準。

接著執行採購五十個貨倉的義務：其中要先經過感官測試、實驗室分析—當然是公司外的實驗室，但也包括重量測試或者直接算一下衛生紙捲是不是真的有二百張。不同的產品各有其適合的品管程序。

舉些例子來說：

- 水果、蔬菜及魚罐頭每次進貨都要抽樣檢查。

- 新鮮水果也同上，每次進貨都要抽樣檢查，並稱重是否符合標示。
- 每二周至少檢查二種香腸肉類產品。
- 紙類產品至少每月檢查一次。
- 蛋類產品每次進貨都依詳細的規定檢查重量及品質。
- 每日選擇特定商品一定的樣品數，例行一般重量檢查。
- 每日品管抽檢倉庫存貨十樣商品。
- 每個採購人員執行負責商品種類與同類知名品牌商品的品質比較。

幾乎很少有競爭廠商，可以像雅帝一樣，做到這種程度的品管。這樣大範圍大費周章的品管制度可建立安全感，讓雅帝和顧客皆可信賴商品的品質，自有品牌在商業公司的信賴度就是這樣建立起來的，這也是不依賴供應商品管的第一步。

**在雅帝的採購條件裡，供應商有一定的義務工作。例如：「供應商要確認，慎選人員監督生產過程，排除監督不當、與所採購商品不符、標示錯誤的可能性。」或：「供應商最遲在交第一批貨後一個月內，應呈遞由獨立研究中心所調查的結果。」**

在雅帝，新鮮度從來不是問題，因為販賣速度很快，很少有競爭廠商的產品鮮度可以比得上雅帝。最明顯的例子就是袋裝吐司：每日送貨和高銷售量就是維持貨品新鮮度的原因。當然也有人對雅帝有所偏見，面對這種偏見，雅帝也沒有特別的辦法。日用品雜誌有一回引用它「消費者訪問」的一位女顧客的話，她認為「雅帝的蛋不怎麼新鮮」。無庸置疑地，事實正好相反。別的地方的蛋都沒有這麼新鮮，沒有別家店檢驗蛋的新鮮度和品質比雅帝更密集—每一回送貨都檢驗。這裡我們又可見識商品種類數量少的優點，這樣每單一商品都好控制品質與鮮度。

為了貫徹品質政策，雅帝的門市經理也被要求，不得拒絕顧客要求退貨、賠償。處理退貨或賠償的原則非常大方。在真的具爭議性的情況下，門市經理可請示其上級地區經理來做決定。一般人可能不怎麼相信，但很少有顧客會無恥地利用這種機會佔雅帝的便宜。

雅帝商品值得信賴的一貫優良品質是其成功的關鍵，品質比特別的經營系統更重要。人們可以觀察一個經營系統，加以分析後複製。但是這樣徹底的品質策略則需要特別的企業文化及有認同感，同時也願意這樣做的人。

## 六百種商品確定一個企業的地位

雅帝的成功也代表自我限制的成功，北部雅帝數十年來，堅守六百樣商品的原則。這期間也拓展到七百五十種。南部雅帝則是目前仍只引進六百種商品。

最早雅帝只進乾燥的商品，冷藏或其它要特別處理的商品都不供應，現在則供應技術和運送都沒問題的冷藏及冷凍食品（南部雅帝才剛開始引進）。雅帝諮詢及服務處的人員也不需具有產品專業知識。基於這個理由，雅帝未來也不打算引進非冷凍的生鮮肉類產品，蔬果現在可在有條件的狀況下引進。北部雅帝的商品分配如下：

六百種　　中央倉庫來的乾燥商品

八十種　　中央倉庫來的冷藏商品（乳製品、香腸）

四十五種　冷凍商品，包含冰品，由供貨商直接送貨

十種　　　麵包類商品，由供貨商直接送貨

十五種　　當季商品（非食品）

共七百五十種商品

六百種商品很好管理。每單一商品都是獨立的，連最高的業務單位也單一處理各商品的相關事務。六百種商品可以「個別認識」，七百五十種商品就會出現原則問題了。

但是，進數千種商品的公司就不用做商品管理嗎？至少在某一程度上要做到。顧客畢竟只買一種，或總是買顧客「特定的」商品。他有幾個兄弟姐妹或親戚有同樣的商品對他來說無所謂，他不會買一堆不同的果醬，而是，舉例來說「小罐低糖櫻桃果醬」。這對很多競爭廠商來說是個大問題。**商品花色多於二千種的時候，就需要用一個概括性的品質及商品導向政策**。但我認為還是有解決之道。

方法之一，門市商品價格花色政策決定權的扁平化，在遵守特定方針的狀況下，這個方法在商業界也逐漸有人嘗試—儘管並非出自全心全意。雷威集團還用契約的方式，企圖對和公司地位相當的獨立商店的商品花色有所影響，但是這應該是當地業務自己的決定。雷威把

這種方式的影響，誇大其詞地稱為「合作夥伴模式」。

日用品雜誌在前一陣刊登了一篇題名為「市場經理的新自由」的文章，文中討論到其它公司與雷威間有關採購的問題。在什麼樣程度上，地方公司的干涉商品價格及花色會破壞中央本部公司的方針？有影響的還有相當的工業生產力問題、目標、藉聯合策略創造完美的買價、商品購買及導向不致平白轉移到中央等。

這些理由跟顧客一點關係都沒有，「顧客導向」在這裡只是說說罷了。他們真正在意的是，和供應商再爭取百分之十的折讓。於是門市常造成一種印象，那就是店裡的陳列架成了供應商的展覽架。

在我的扁平化原則的實務中，我想到「如何總管六千種商品？」的另類解決方法。一個店裡的女售貨員稱之為「牙膏哲學」。

## 「牙膏哲學」

根據「牙膏哲學」有很多售貨員或特定商品群的管理員（非門市經理）分到不同的工作指導小組。這些售貨員為採購部門的會談對象，任何沒有他們意見的採購行為是不被允許的。他們真正的工作是什麼呢？他們應該考慮，商品群是否在合乎公司方針之下，達到完美的組合？他們考慮包裝的尺寸是否正確，有沒有需要下架的商品，或有什麼重要商品該上架。他們有權在價格尺度上或商品政策上做實驗，他們參觀競爭者的門市，看看他們在做些什麼。

用這個方法使他們都成了專家、採購部門的得力助手。有問題時或需要任何建議時，他們可找上級主管、門市經理或同事洽詢。

反對的原因為何？傳統主義者的阻力總是存在：她根本不會這些。錯！她當然會。很少人明白，在日用品業這個方法更是合適，因為在這行工作的婦女就是「專家」出身的。女性工作人員幾乎每天負責購物，在家為家人準備餐點，至少她自己本身也是消費者。

基於這個理由，我要大聲疾呼：勇於在店裡嘗試！打破常規！這個口號就是橫向思考，發揮創意。在被許多專家稱之為災難的現今利潤及銷售停滯不前的狀況下，還有什麼更糟的事會發生。

「牙膏專家」可能成為範疇經理的重要夥伴（比較「不是採購，而是銷售方法決定成功」一節），在他的小組扮演成功的角色。

在處理商品種類多的問題時，我一定要親自舉一家大賣場的商品群腳踏車零件的例子來說明。數字是無力解決問題的症狀，但數字卻也能指出現存儲備還有多少，及沒有遵照根本原則或細節所帶來的耗費。總之，一個公司如果能夠把用來和有交情的供應商吃飯、或為了獲取學術及實務上所謂「新知」、參加會議的時間，用在專注根本事務，它應該會有較豐的利潤。

實例中的這個賣場屬德國一家知名雜貨業，位於德國北部的一個小城市，位置偏遠。商店面積為二千二百平方米，每年的銷售額約二億六千萬馬克。由於租金及人事成本不高，使這個賣場的邊際利率高於水準。非食品類商品的銷售額佔總銷售額的比例，也達到許多公司同規模賣場的水準，腳踏車零件的銷售也一樣。

腳踏車零件這組商品群共引進了一百八十二種商品。陳貨架的裝備由所謂的隨廠附設人員來負責，也就是自行造訪賣場、維護商品、自行補貨的供應商，一般公司非常樂於接受這樣的服務條件。因為這樣減輕他們人事安排上的負擔。再說，這些隨廠附設人員通常是專家，可以熟練地處理產品專業問題。我這裡要指出的錯誤或疏失，不僅和供應商的私利及賣場管理疏失有關，更關係到，我們的工作人員要不是依上所述的方法工作，情況也相啻不遠。

首先—先不馬上看數字，商品種類的組合就很引人注意了，這一點不須深入研究的數據分析也可以清楚地察覺：這組商品包含了車鏈護板、旅行車用的腳蹬、車把和兩種不同的車座墊。任何初學或有經驗的騎自行車者都知道，他真的需要換車把或車鏈護板的頻率非常低。若真的遇到要換車把或車鏈護板的狀況，他也知道要去找專家來處理，以便萬一車況不好時可以做個全面的維修。我的結論是，這些產品根本沒有引進的必要。接著就得接著進各種選擇的高價位零件產品，這些都是不用看數字就可以知道的結果。這正是諾貝爾獎得主傑特・畢寧一直強調的「愚蠢」，取其捨棄資訊之意，和創意間的關聯性。

接下來，數據更確定我們的推測：車鏈護板的一年平均每個月銷售零點三個，車燈零點九個，這是不是實際的銷售量，都還值得懷疑，因為這也有可能是另一種形式的消失，也就是失竊的部份。

問題核心可由下列數據間的關聯性清楚地顯示出來，也證明這樣的公司的經營不善：引進的一百八十二種產品，其中有八十六種商品每月的銷售量在一件以下，這樣的關係比較像是珠寶市場的關係，而不是消費市場。**消費市場應該創造大量的消費，產品的周轉率很高。**可惜的是：好像沒有人知道這種關聯性。一般人太少注意細節，也太少問為什麼要安排這樣的商品組合，或隨廠附設工作人員到底有什麼好處。

盡量學習親近、了解顧客，而非花過多時間在辦公總部大費周章又痛苦的處理資料。麥肯錫的總裁彼得・巴仁斯坦（Peter Barrenstein），雖然認出兩種利潤危機，但他卻支持以下的論點，也不能真正解決問題：

「處理貨物系統的資料常迫使我們建立一套新的採購及銷售分析法。我們不能將這些資料直接丟在領導人員的桌上。這些數字要經過特定方法的分析整理，才能在實務上有應用價值。」

用掃描器收銀台的資料，可以將類似上個腳踏車的例子的問題找出來，而且還有研究結果。儘管如此，少一點就是多一點的金科玉律仍然適用。不看數字的思考應該取代有些複雜的分析。「牙膏哲學」也可以應用於腳踏車腳板及湯包類產品上。

## 少一點就是多一點

所有的經營系統、組織、溝通甚至開會的範圍和頻率方式都由商品數來決定。美特羅和卡爾城因為有十萬種商品，有不同的工作模式，天格曼及所屬超市有一萬五千種商品，其運作方式當然也和雅帝有所區別。專業人士並不是很讚賞這種垂直的區別。很多人很表面地批評雅帝的店面省得太兇，把這個當成雅帝有別於其它公司成功的理由，結果變成不是所有的雅帝模式都適合所有其它企業，但是基本的想法是對的，如：每樣產品都對顧客非常重要，如何解決產品選擇的問題，牙膏哲學，不是供應商來決定商品種類等。

雅帝從來沒有更改它有限商品種類的原則，就算偶有旁觀者不覺得是這樣。雅帝引進了二十五種冷凍商品，就刪去其它的二十五種較弱的不一定是日常所需的商品。商品的花色有改變，重新組合更新，但是並沒有擴充。

競爭對手的評語或專業期刊常誤以為雅帝終於改變方針：現在雅帝被迫擴充商品的種類。換句話說：現在雅帝終於得和其它公司一樣。屆時，它就和其它公司擁有一樣的條件，失去多年來的競爭優勢。真正的行家，包括我，都清楚地明白，雅帝政策在德國的成功及堅固的文化，是不會隨便拓展商品種類的。畢竟五十種商品影響不大？它們可能會帶來百分之五的銷售成長率？這對雅帝光在德國的部份就代表了十五億的銷售額。這不令其它極欲增加銷售額的公司垂涎三尺？北部雅帝在新興對手的強烈競爭下，也不禁提高商品數。虛弱的徵兆？錯誤的決定？恐怕是。

雅帝藉著有限的商品數中獲得的是趨勢研究員口中較簡單、持久耐用、便宜、不時髦卻非常實用的產品。美國的未來趨勢研究者卡蘿•法瑪（Carol Farmer）在一次慕尼黑舉行的會議表示「少一點就是多一點」的看法。將它擴大來看還可解釋為—少一點成本，少一點淨利，少一點產品利潤幅度。

現在太多的商品選擇其實對顧客來說是一種負擔，不僅是時間上。趨勢研究者馬帝亞斯‧何爾克斯（Matthias Horx）發現：

**「消費者覺得太多新花招是一種負擔。他所需的是簡單、耐用、廉價、樸實又經濟的產品。」**

很多顧客越來越傾向捨棄過多的選擇，如果他確定，他迅速從架上拿到的東西品質有保障。雅帝減輕顧客的負擔。從一堆燻鮭魚商品中，要確定選出經濟實惠又有品質保障的，是何其困難？我很樂於在雅帝買一瓶七點九五馬克的酒，因為我確定它是精挑細選的結果，而且品質值得信賴。我任職於雅帝其間上百次的試吃所帶來的信賴感，當然比一般顧客大。在其它超市買酒可能是個大問題，不只是同品質的產品價格在十二至十七馬克不等，還加上要選擇的問題，因為價錢越高的酒不代表品質越好。這段期間雅帝也開始販賣一九九三年份的紅酒，價格只有十七點九八馬克。雅帝傳統對手估計，同樣等級的酒，它們的售價高達三十五馬克，這是販賣香檳成功後的新商品，價格十五點九八的香檳也列入一般標準商品了。

## 不是採購，而是銷售方法決定成功

如果我們要計算買進投入貨物的價值，把它當做成本因素，那麼成本的大部份來源就是採購的價格。它占成本的百分之六十到百分之八十是常有的事。但是以為把買入價格壓低，就是成功的一大步的話，便是大錯特錯。

雅帝的成功並非如其它公司所料的，來自採購的價格優勢，而是基於顧客導向的銷售策略。當然，交易中要爭取最好的條件。但雅帝也不明確地知道，最好的條件在那裡。但是決不是—工業界的複雜又不清楚的條件政策也沒有辦法證明—只是由於低廉的買入價格。

許多公司太少思考真正的核心問題：

## 到底為什麼顧客要來光顧我的店?為什麼顧客就是要買我的產品呢?

這個公司技策及行銷的核心問題，是每個公司、機構，從汽車製造商、旅館業、及交響樂團都要深思的。這只是一個簡單的技策安排的問題，一個公司企業方針的問題。光是用簡單描述宗旨的一句話，如「我們要提供人們物美價廉的產品」是不足以回答這個問題的。

超級沒有創意的方法，就是用特賣或打折來吸引顧客。採購人員和供應商坐在一起做年度計畫。工業界生產一個特殊的產品，店家有特別的優惠就會實現這個願望（行動折扣或增加訂單的折讓）。

實務清楚的指出，這類形式的採購政策影響了店裡的商品組合策略，進而影響了利潤。商業集團如易得佳、雷威、省錢常因此違背了顧客根本的利益，和供應廠商決定一定數量的活動或銷售行動。負責採購的組織從供應商那裡得到額外的優惠，這個優惠不一定會回報在顧客身上。廣告方法多是傳單或報紙廣告。由於廣告多是供應商的附送條件，採購人員多少被牽著鼻子走，買一些根本不需要引進的產品或違反公司商品原則的產品。廣告常強迫採購者購買一定的數量，才不會讓沒買到的顧客生氣。此外，陳貨架要加寬。結果呢？特惠行動的產品常在行動過了一個月還留在架上—先不管這代表了價格策略不適宜或利潤的損失。於是，沒有考量技術上的問題就不斷擴充商品數。法柏香檳和高露潔牙膏帶來商品組合的負擔，也干擾了採購業務的考量原則。

由下列的易得佳超市的例子，可見這一點對淨利的影響。

| | 一般價 | 特惠價 | 差別 | 採購優點 |
|---|---|---|---|---|
| 法柏香檳 | 4.79 | 3.99 | -17% | 無 |
| Bacardi 甜酒 | 18.99 | 16.99 | -11% | 無 |
| 冷凍炸魚塊 | 2.99 | 1.99 | -33% | 18% |
| 可口可樂 | 0.79 | 0.59 | -25% | 無 |
| 高露潔牙膏 | 1.99 | 1.49 | -25% | 11% |
| 霍斯坦啤酒 | 23.59 | 18.99 | -19% | 無 |

相對的，雅帝有自己的考量，優先考慮顧客導向的商品策略。供應商根本沒有餘地影響雅帝的商品技策，此時競爭同業卻把供應商導向的策略奉為圭臬。儘管店家有一定需求，生產廠商和供應商的銷售部門卻成了真正的主導者。其他的零售超商在和易得佳相較之下，結果也大同小異。銷售部門的執行者常不滿意結果，但卻沒有人抱怨。這對雅帝來說反而成了優點了。

艾文・康拉迪對這個主題清楚地提道：

「我相信，顧客會傾向體認那些具清楚的使命，散發特定優點及可信賴的能力的公司或經營方式。」

誰想和雅帝競爭實踐這個康拉迪要點？其它公司呢？當然，所有公司都在頑強作戰，美特羅也是。但是，大多數專家所認為的「購買力」實際上指的是「銷售力」，也就是：創造業績的能力。銷售力並不是購買力的一部份或成果，儘管購買力可能對銷售力有正面的影響。銷售力真正的決定因素是其它，如：銷售方針、產品、價格、地點、行銷。

真正決定成功的原因是「清楚的使命」，而不是供應商的廣告成本補助，這個補助被批評者笑稱為供應商「婚禮紅包錢」。供應商如果想要促銷商家陳列一樣新的產品，他得想些辦法讓商家愉悅的點頭。由於店裡總是需要錢，通常商店會要求工廠或供應商提供一定的金額，才願意陳列這個新的產品。因為店家為這樣產品有所付出─它把這個貨品陳列出來，所以一定的回報是應該的。這個金額成了給採購人員成功的獎賞基金。但是他們要如何證明他們的成功呢？是否特定的買入價格就代表成功，沒有人知道。說不定還買貴了呢！如果採購人員到了年底「省下」一筆漂亮的數字，這就叫做成功。這些總數有時竟會被列入年度預算。廣告成本補助也沒辦法說準，買價是否真的「正確」。當然供應商也早就事先把這些「額外補助」也考慮進去了。

這裡商業界發展了很多想法，填補創意漏洞。舉例如下：

- 繼續展示產品的優惠：業者要付出一定代價，使現有的商品得以繼續陳列在店面。
- 陳列新產品費：業者要在店裡增列一樣新產品時也要付費。
- 節慶獎金：商業公司的周年慶時──不管是十五周年慶也好，三十五周年慶也好──

它們期待財務上的周年慶禮物，易得佳在九十周年慶時，吸引業者或供應商的贊助時說：「若您可以贊助五萬馬克，銷售特攻隊就可以在秋天如期出發。」

- 開發新中央倉庫的津貼：商店的新倉庫要花很多錢，所以需要贊助者。
- 支持開發外國市場：如果供應商希望其產品也進軍外國，必須投資一定的金額，這一點也許很「公平」，因為供應商在國內的業務也可以繼續維持下去。
- 延長營業時間優惠：德國店面營業時間法修改後，店面可以延長營業時間自下午六時三十分至晚上八時。供應商有「很大的機會」，因為商品「展示」在店面架上的時間多了一個半小時。
- 銷售損失賠償：若因未出貨或不及準時送貨（店面缺貨）造成銷售損失，供應商要付銷售損失賠償。但是其中的關聯性很難證明，也不容易量化，所以店面只要求概括性的賠償。
- 新手交接業務優惠：這是商業界的最新點子。天格曼所屬的一家公司竟然向業界要求優惠，理由是，適逢艾力凡・豪柏（Erivan Haub）交接業務給他的兒子卡爾・艾力凡（Karl Erivan），「為求順利交接」。
- 前程獎金：這是「紐倫堡聯會」的發明。日用品同業協作會長期合作的工業界夥伴，要付一筆獎金支持新的技術設備，支持他們近期東山再起。供應商部份因為放棄索賠，而拯救了一些公司。

相較之下，一些傳統的優惠還真的是小事一樁：

- 立即折扣優惠
- 購買一定數量的優惠
- 特定商品組合的優惠
- 後補商品賠償
- 行動特惠
- 增補紅利
- 增加訂貨量的優惠
- 業績津貼
- 中央津貼
- 小廣告補助
- 擴充商品補助
- 增加營業面積津貼
- 媒體補助
- 試吃條件
- 訂單補助

業者覺得被迫對商界讓步，因為他們恐懼必須放棄業務關係。理由很多，一來是因為商品可隨時被其它大同小異的商品替換，這對消費者來說，影響不大，簡短地說：商店為什麼引進某種產品的問題，常常沒有答案。但是有一些公司，如：費拉羅，用高度的技巧、高銷售額、高利潤及對商界的強勢態度來處理這個問題。日用品業沒有一個像費拉羅這樣強力及特殊的品牌（健達出奇蛋、努特拉巧克力醬、夢雪利巧克力、金莎巧克力、拉斐爾椰子巧克力）。

這種不可理喻的優惠政策的真正原因大多在業者的弱勢，它們每年創造二千七百億馬克銷售額，五十萬工作人口。我認為其弱勢真正的原因在於技策層面，在領導及組織方面，在於工作人員缺乏創造力。根據市場調查業者的一則研究報告，德國工業界的工作人口的百分之四十早已停止動腦筋了，他們連想都懶得想，如何替公司創造一個更好的未來等問題。

在雅帝沒有所謂的「優惠政策」的存在。在那裡，買價就是指買入的淨價—扣除所謂的折扣優惠等，這些東西採購人員一點都不感興趣。在雅帝，工作人員專注本質事務，也就是顧客的需求是什麼，公司的原始使命。

這樣商業政策所帶來的結果非常簡單：

高廣告成本補助＋少許使命＝小成果

低廣告成本補助＋許多使命＝大成功

一九九四年的日用品雜誌刊登了一篇名為「管理挑戰」的文章，作者班特・畢爾（Bernd Biehl）指出，採購部門的權限在德國近數十年來已發展成商界最神聖的權力。採購人員要被評估銷售總差額，計算買價與賣價之間的差額。

很顯然的，在有些公司，買價的高低對售價的高低仍有決定性的影響。**在雅帝，最重要的一個議題，也就是售價，是由最高的業務單位，由業務經理和行政委員會來決定**。

值得深思的是普路斯公司的新方法，它試圖要把代表效能核心的「毛利潤」和「商品周轉率」列入考量—顧客完全被置之度外了。毛利是買價與售價的差別。我們假設每個商品的買入價格多少是固定的，普路斯只能透由兩種途徑來提高毛利：一種方法是提高售價。其成果很有限。或者它可以改變商品組合，使毛利成為銷售所有商品的總合。這樣所帶來的成果還值得懷疑，因為所有的考慮點都是毛利，完全沒有或非常有限地把顧客考量進去。

不清楚的還有，改善「商品的周轉率」的真正意義為何？銷售和存貨的比例（存貨每個月周轉頻率：銷售一千萬，存貨二百萬，則商品周轉率為每月五次），並不算是聰明的辦法。在運輸條件不錯的情形下，存貨合理化本來就是該做的，提高銷售額是很好的宗旨。問題是：如何？在考慮技策問題時一定要把顧客放進去—不然就是白搭。

由於缺乏從顧客觀點出發或方法學上的整體考量，首先引起生產者侵略性的銷售行動，以一種店面展示的模式出現，產品要用一種特別時髦的方式推出，但這卻同時改變了商店形象，也嚴重干擾了組織流程。先不看屯積如山的存貨量，行動後流入倉庫角落或擠在貨架上。這種發展—長達數十年—是錯誤預估真正影響商業界成功因素的結果，這個結果常被迫導出關於雅帝傳奇般的成功的錯誤「解釋」。

現在不少人支持或討論新奇的、顧客導向的組織。人們嘗試用最新的「有效消費者回饋」方法或「範疇管理」來改變思路。可疑的是，這些宣傳得很厲害的「有效消費者回饋」方法是否真能創造佳績。首先，一切又被想像得太複雜了。簡單的方法，根本不用一大堆大排場的會議或高利潤的複雜軟體來推銷。

**附帶說明：有效消費者回饋（Efficient Consumer Response：ECR）**

一般說來，ECR是指工業界和商業界間的貨物資訊的全面整體的決定和導向。其中的系統組成成份或主題包括：

- 商品組合最佳化
- 行動銷售
- 產品引進
- 工業界銷售策略
- 全面顧客管理
- 持續貨品管理
- 資料數據的交換

貨物經由電子資料交換來引導、管理及記錄。由現代新穎的掃描器收銀台搜集來的資料，應該有助於創造最佳化過程所需的基石。加上所謂的空間管理（商店平面及貨物架的管理）

及完美的商品均衡。其目的是，藉由良好顧客管理及完美的倉儲調配實現雙方面節省成本的可能性。ECR的「基本哲學」是更好、更迅速及更省錢的服務共同顧客及消費者。

我們可以看出，共同行動確有優點。但馬上接著來的問題就是，如何「適宜」地分配節約。企管顧問估計「管理潛力」的價值創造大約在銷售額的百分之七點三至百分之十點八左右。如果我們由零開始呢?假如工業界和商業界公平分攤，德國的零售店可提高三倍的獲利，還可以回饋給消費者。

ECR歐洲部是由工業界和商業界代表組成的小組，將「十四條方針」公開於「官方成績表」中，這是一份標準化的檢查表。致力於ECR的企管顧問公司認為，「未來，那些應用ECR相關的組織更動，減低內部磨擦損耗的商業公司將會有豐碩的成果」。所以「有效消費者回饋的方針促進管理變動及衝突的重要經驗」。這種假設可以—如許多其它方法—深受誇張成份之害，重蹈覆轍，如同當初這行努力討論「直接產品獲利率」或大談範疇管理一樣。ECR的執行和每日細節工作其實並沒有什麼不同。

這些只是理所當然應做的語言遊戲及思想的海市蜃樓，我們要怎麼詮釋像「貿易行銷將是與商界業務關係的轉捩點」這樣的句子?或者:「市場焦點的行銷計畫深入一個範疇計畫」?節省至銷售額的百分之十點八?這些撲朔迷離、語意不明的文字遊戲對公司一點幫助都沒有。

有效消費者回饋方法是要提出根本原因的問題，或公司理所當然該做的問題。我推測，公司真正缺乏的是另一種知識及信念。也許缺的是一個清楚的經營方法、一個有目標的領導、或者公司經營的特定文化成份。也許企業缺乏的是「零售便是細節」的認知。這些道理也適用於其它經濟領域和許多人的生活。

實踐縮短等待時間，非常樸實，理所當然。運輸包裝規格標準化的目標也一直不變，如：紙箱和運貨平台尺寸間的協調，電子資料的檔案建立也實施很多年了，把這些資料標準化自然也是責無旁貸。至於，商業界和工業界對每一產品的運送頻率、存貨量、交貨時間和退貨或屯貨處理應該取得共識，也是不在話下。過去一直都這樣。商店的目的也一直是限制一定的存貨，另一方面降低運輸成本（運貨頻率及運貨量），進而降低售價。和合作夥伴間的會談和協定可實現供應商完美的生產量及存貨量。現在炒正熱的互助合作的話題早已不是新聞，這些都是理所當然。

基本上，有效消費者回饋方法和把「改善」應用於工商業間的合作關係，大同小異—除了有效消費者回饋方法聽起來比較好聽，好像容易入門。但是，它實際上真正相關的，並不是一個新制度的執行，而是同時先後不斷實踐改進小地方。我們可以推想得到，雅帝就像愛因斯坦一般，竭盡可能做每一件事，亦步亦趨地，找尋問題的答案。不做複雜的新系統。很多會議的重要價值可能都小於其娛樂價值，也許對經理人來說，參加這些會議算是為生活換換口味吧。我還記的數年前一次有關ECR的會議中，主講人把福斯汽車的「改善」，換湯不換藥的說成「各方面持續不斷改善原則」的平方，這場會議吸引了工商業界一千六百名經理人，前往阿姆斯特丹—歐洲有史以來，該行最大的工商業聚會，一千六百名的工商業界代表顯然也想藉此改善工業界和商業界的關係。值得給予正面評價的是真正改善也要落實在財務方面的意圖，一個「公平」的制度比分配周年慶獎金或新手交接業務獎金要有意義得多，可惜這個意圖並沒有真正實現，這些雜七雜八的優惠條件和補助現在仍普遍存在。

會中，斯列可藥局批發連鎖店告知工業界有關ECR，並可用此引進有效的運輸作業，改善條件狀況指日可待。其中也不乏有另一種聲音。拜斯多夫工業銷售經理猶根・錫斐得（Jurgen Seefeld）則認為ECR和改善條件一點關係都沒有。他說的一點都沒錯，只可惜由於他的話在ECR阿姆斯特丹會議引起台下一陣騷動，所以他從善如流，並未堅持多說下去。如果我們要認真解決工業界和商業界的緊張關係問題，則花點時間去想年度會議或採購協商這類事宜的幫助，比使勁地嘗試與研究炫麗的新知更大。

另一方面，合作和會談一直都很有用。在與夥伴協商的過程要有信任做基礎，依哈佛方針—解決其他人的問題，清楚表態，不要像打牌一樣，而是要以樂於再次合作的態度來協商，這些對於好的協商結果，是必要且有意義的因素。其實，致力ECR與範疇管理都還是值得支持。總之，有用的是，業界除了對新話題興奮不餘，更該專注於改善的可能性。

協商商品數量也頗具影響力，很多過程中的小節，ECR也有提到改善方式，但最關鍵的一點，是商品組合的最佳化管理—ECR的信徒稱之為「有效的組合」。工商業界為了這一點傷透腦筋。關鍵能力卻是商店的組合嘗試，工業界的價格政策也會產生一定的影響。

組織上來說，商品組合最佳化，是不可能光靠掃描收銀機的資料辦到的。商品組合的可能性多的眼花撩亂，原則上也沒有止境：產品選擇、生產或銷售品牌、不同公司的店面經營方針—外加不同消費者的消費習慣也不同，不同的放置地點，不同的營業時間—商品組合的問題很難解決。解決方案在何處？在徹底的扁平化和授權制。只有某些原則和優先考慮是有助益的，如：結合愛因斯坦的「我試試看」和雅帝的徹底簡化原則，省略考慮掃描器收銀機資料絕對有好處，除非那些資料是有限範圍內的資料，也就是遵循「少一點就是多一點」的原則。

舉例來說，雅帝實施 ECR 系統所形容的「交叉運送」已達三十年之久了。這個方法是雅帝中央倉庫實務工作人員的發明，年前又依「改善」原則加以修正，最後成了很好的細節解決方案。雅帝不需要阿姆斯特丹的會議，而且光是兩個與會者就會花掉五千馬克的差旅費成本。

ECR 所指的交叉運送是縮短公司倉庫的運送鏈。貨物抵達中央倉庫的貨物入口時，只被送進去貨倉很短的時間，最多二十四小時。接著馬上就會被送到各大門市，不用事先把貨物在倉庫上架。最理想的狀況是，貨物到達時，直接從入口板送到出口板。這方式用於很多周轉率很快的產品如飲料、糖、雞蛋—所謂的平台產品—雅帝早有多年實施的經驗。雅帝把它稱做「自由堆積區」。就算是貨架陳列及存貨的最佳化，也早是雅帝最小成本哲學的重要成份了。雅帝一直不斷研究方便運輸的包裝，和運貨平台尺寸協調的包裝規格。其實，雅帝應該在三十年前就把這些讓企管顧問公司大發利市的原則稱為ECR。

## 附帶說明：範疇管理

範疇管理是ECR的一部份，指的是專業的商品種類計畫。ECR歐洲部的定義是這樣的：「範疇管理（貨品組群管理）」是銷售者與生產者的共同過程，在這個過程中貨品組群為決策性工具，提高顧客利用，以達最好的銷售成績。就這樣，又產生了一門新的學科。

範疇管理其實是採購組織、與供應商的合作及銷售有關。目的是改善與顧客的關係、高銷售量、短期的銷售額上升等。店裡的「範疇管理經理」和工業界「範疇管理組長」合作，範疇管理經理的職責是商品組群的最佳「演出」，也就是其成功和發展：採購、行銷、銷售、運輸、資訊科技應用等。其實這根本不是工業界的任務。範疇管理是商業公司試圖專精困難的成千上萬商品的管理，領導商品組合、產品引進及銷售行動—這既不是什麼新花招，也不是解決問題的辦法。範疇管理所提出的問題就是從前每個採購人員、公司經理及業務經理所提的問題，其中，採購通常伴有商品組群的組織。缺點是商品來源和銷售點常沒有被列入考量，每個採購者有一個商品組群，也就是他從買進到賣出及價格政策要負責的範疇，工業界的產品經理也用這個系統來管理。普路斯公司目前正在召募有經驗的年輕範疇管理經理。天格曼是否可因此解決它的問題？

雅帝對這些複雜的系統想都沒想過。這不是它不關心其中關聯性的意思，相反地，它實踐很多ECR及範疇管理經理的想法，已有好幾十年的時間了。「牙膏哲學」是一個很類似範疇管理的論點。但牙膏哲學有許多任務是在銷售最前線做的，也就是直接在店裡實踐。雅帝和很多公司一樣，採購依商品組合導向原則。採購和銷售間的原始衝突就因此解決，業務經理—階層上高於採購與銷售人員—得以做決策。這個簡單的解決方法的第一個原因就是商品種類少，每一個商品的意義重大，不需要大規模的商品組群策略。

但是雅帝是一個非常簡單的企業，只從事實際和必須的操作。雅帝不設的企劃部門，也一直被當做茶餘飯後的笑柄。線上的經理有比研究理論方針更重要的事要做—這不代表了會議中不討論所有新趨勢，而是真正探討如何實踐的問題。

## 廣告：給顧客資訊

雅帝的廣告額只佔銷售額的百分之零點三，由此可看出它遵守節省成本的原則。這仍代表了每年一億馬克花在德國的廣告費，競爭對手所花在廣告的費用大約為雅帝的二到三倍。

雅帝的廣告代表給顧客的資訊，有關價格及品質的資訊及與競爭商家不同的產品內容。雅帝在廣告上從不打標語，這一點沒有需要，而且可能和理性政策或實務政策有所矛盾。知名品牌商品或香煙廣告之類的廣告不會被接受，誇大吹噓的廣告也沒有必要。除了經紀報紙廣告的公司有接觸，雅帝從沒有雇用廣告公司。報紙廣告或傳單都是「手工」製造的，其中都是一些原始的創意，和廣告公司大費周章手法不同。行政委員會的委員在設計報紙廣告及傳單時，特別活躍於內容及方針上的設計。

雅帝企業方針的理念也可從廣告看出，顧客也看得懂，競爭廠商卻以為這和他們的標語沒什麼兩樣。雅帝的廣告盡可能的收錄很多產品及其價格—有時一張傳單可以放下兩百樣產品。

這裡有一些典型有關雅帝報紙廣告或傳單理念的實例。他們喚醒理性的消費者，有別於一般競爭廠商美侖美奐的特賣商品廣告。這段期間，雅帝的商品廣告小有變化，焦點多放在非食品類的商品。

## 雅帝傳單的廣告訊息

- 「空洞的承諾不值得。這樣沒有辦法爭取固定的顧客。老顧客都是肯定其品質的人。」
- 「我們可以保證我們的價格優惠，我們廣告的價格訊息多達二百種商品單價。」
- 「我們的品質保障使購買無風險。只要理由是：《我不喜歡》，我們就無條件的接受退貨，並退回貨款。」
- 「您試試看……我們經由無數的門市測試，得以控制我們的品質承諾。經由這些測試，我們也給您一個自己判斷品質好壞的機會—沒有購買影響或壓力。」
- 「您比較看看……我們的定價可以讓您不必再比價，容量也值得信賴。在容量標示前我們如果加點標示，則表示這個商品還有別的包裝。但是視覺上很難辨別出差別，或根本看不出來。比較好的方法是，不只看標價，也注意內容量或重量。」

廣告的基本理念是標示兩百多種商品的價格，建立可信度，就算顧客不可能記下每一個商品的價格。

一九七七年當時為萊布蘭特的子公司、剛加入批發市場的芬尼超商，現在屬於雷威集團，在報紙刊登了一則廣告，引起了雅帝的反擊。那是一則報紙和櫥窗海報式的廣告，上面寫著：

「再也找不到更便宜更好的了」

雅帝緊咬著德國禁止比較類廣告這一點，和克勞斯•維加特，現任美特羅集團發言人，產生很大的爭執。

**真的找不到嗎？**

我們可是在下列商品中找到比雅帝更貴的價格：

（列出五十個商品的價格比較）

舉例來說：

500g 芝麻麵包　雅帝 0.89　芬尼 1.68

1 Liter 安瑟費德紅酒　雅帝 3.48　芬尼 4.13

**沒有更好的了！**

以上就是雅帝回敬的廣告。

後來，當時萊布蘭特中心最高負責人在電話中友善的說，一切是作業疏失。這件事就這樣解決了。芬尼超商也不再刊登同樣的廣告。

事實和公正一直是雅帝廣告的主要原則。相信消費者也觀察的到，調查雅帝廣告是否誇大不實的事從來沒發生過。

## 和供應商的往來：一致與公平

一致與公平是雅帝對待顧客的原則，數十年來和供應商的關係也是如此。不如同行所想的，雅帝和供應商並不簽定長期契約。很多人認為，雅帝簽定契約，是為了長期壓制供應商。錯了！連明星周刊的報導「鐵公雞」、「把供應商榨得一毛不剩」都是錯誤判斷。對雅帝來說，最重要的是持續好的品質，當然價格也要有競爭力。

若出貨有什麼地方不對，有簡單的制裁。運給雅帝二十個貨倉的貨，可能要減個五個貨倉。只有極端的例子—通常是和品質有關的—才會被撤消所有的貨。用這種貨倉分配原則也可以試試新的供應商，逐漸建立新的合作關係。

雅帝不希望有任何一個供應商太過或完全依賴雅帝。這樣做顯然可以大幅影響供應商及其價格。但是，這樣一來雅帝也產生了某種程度的依賴度，對供應商品質改變、各種內部問題、甚至資金問題的依賴度。連供應商由於自己疏失引起的解體，雅帝也可能成為媒體解釋瓦解的主因，成了名副其實的代罪羔羊。保有另一種選擇是比較聰明的。

長期來看，一個公司要有相當的利潤水準，才能生存下去─讓夥伴衰微、搶走他的業務─是沒什麼意義的；我們可從這多年來工業界和商業界主要努力的方向來看，雅帝確實有它的正面影響。

一個比較新的例子是，雅帝在處理和麵包供應商哥錫（Geschi）及其公司所有人霍斯特‧錫斯（Horst Schiesser）的問題時，所用的方式。錫斯是一個多變的角色，他如果用一馬克從工會那買來的新廠，也會要託管律師用一馬克賣掉。數十年來，他一直是雅帝值得信賴的供應商。顯然在德國外的錯誤投資為他帶來了財務上的危機。他的效率馬上不足以應付一千一百家雅帝超市，而且越來越嚴重。雅帝卻非常寬容，也負起對一個多年合作夥伴的責任，雅帝在財務上藉由慷慨的付款方式支持錫斯。從前，商業公司常以信用支付來自供應商的帳單，現在雅帝改為馬上支付或預先支付的方式付款。所以錫斯獲得不少幫助。但是由於經營不善，後來又漸走下坡。一直到錫斯沒有辦法正常供應─訂十一種麵包只送六種─雅帝自己都得接受損失的事實，才終止與它的業務關係。

業界都知道，雅帝過去和現在都是一個公正又值得信賴的夥伴。為了競爭而生的負面手段，在雅帝沒有發生過。**現在，日用品業如果有一個大公司併吞小公司，所有食品工業就跟著一起顫抖。接手的大公司會馬上比較與被合併的公司的各項條件，這很理所當然，也很有用，可以改善本身的條件，處理較大量的交易。**可是，不可思議的事卻常發生：要是小公司比大公司在那裡拿到較低的進價，大公司馬上就會要求工業界過去兩年的差價賠償。有時公司會自動就在下一筆帳單自行扣除總數，這純粹是一種權力鬥爭，和公平交易的實務一點關係都沒有。說不定這個小公司對改善運輸前提有貢獻或是協商比較成功，再說，如果工業界不誠實，直接跟大公司說，已經給予最好的條件，就已犯了一個嚴重的錯誤了。不誠信是要付出代價的。

雅帝長期的供應商知道如何估計雅帝的銷售額，所以這種事後的討價還價根本無其必要。多年前，號外雜誌有一封表達得更清楚的業界公開信：

「所有要檢驗雅帝的生產者及銀行，都知道怎麼評價雅帝。我們都知道雅帝一千二百家門市的銷售額是如何不尋常地被計算。但是工業界及銀行對亞伯列希特的評價，無疑地就只有正面性的。亞伯列希特不僅付錢很準時，還是個非常公正的夥伴：

- 在價格方面——一旦同意就不會再「反悔」
- 不會要求特別優惠
- 不會要求不公平的賠償
- 對待供應商的態度決不是「吸乾最後一滴血」

亞伯列希特之家是誠信的好夥伴，他們也知道，他們需要好的供應商，也該讓他們有相當的獲利。一旦成為亞伯列希特的供應商，隨是都要有送貨的準備。如果貨品快速銷售一空，要是他們要馬上補貨，到時雅帝可就不允許任何藉口了。我這裡所寫的都是我聽過好幾次，經過確認的。」

在供應商和商業界的交通實務又不一樣了，雀巢的赫慕特・茂歐曾表遺憾，市面上沒有有關如何和供應商交易的指南，其實就跟康得說的一樣，對待別人的態度要和待己的態度一致。

很多起初很小的供應商跟著雅帝成長到大公司。他們也是用雅帝徹底的低成本高品質的策略。一群商業專員也幫了不少忙，並從中獲取利益。很多響亮的名聲陪伴雅帝數十年：北部的埃森、南部的默海都有很多稱職的專員。**這些專員積極尋找新產品或新供應商，他們替雅帝測試產品品質，評鑑供應商的生產力及價格水準。這使雅帝得以只用六個中央採購人員，就完成整個採購部門的工作**（這裡指的是一個雅帝集團，如北部雅帝）。採購部低廉的人事成本還算其次，就算原則上很重要。這裡更重要的是，小單位比較不複雜，磨擦也較少，運作反而順利。當然，雅帝到底有沒有因為專員協商付了比必要更高的進價的問題，也沒有人可以確定地回答。

近來，有專業雜誌謠傳，雅帝想結束和商業專員的業務關係，把其利潤從業務中收回。這樣看來，好像雅帝知道一些採購拿到一些好處，就想終止目前的實務。單就公司的懲罰來看可能是對的，但我個人卻認為，放棄成功的原則是很危險的。

賄賂工作人員，尤其是採購，是個困擾很多公司的問題，對雅帝來說也是。採購經手的是大筆金額，尤其雅帝又是這一行的龍頭老大之一：一個雅帝中央採購的商品群—大約是五十到一百種商品—每年的交易就二百億到四百億不等。有些供應商就相信，私底下給採購一些好處是值得的。

想要把這些賄賂行為減到最低或消滅，幾乎是不可能的。採購人員領有符合公司職位及他的專業知識的薪資，但是薪資永遠不可能高到讓他們不受廠商的誘惑。雅帝並沒有任何預防的措施，我自己也不認為這樣做有意義，因為一個採購需要上級的信任。否則，他可能沒有足夠的力量，創意也會因此麻痺。

## 更好更成功的協商

從雅帝和供應商的關係中，我們可以導出較好的工商業界關係。過去的協商實務可以更實事求是一點。如果未來還要繼續合作，壓力和狡詐並不是好方法。成功協商的準則如前所述的哈佛方針。這個方針的最大宗旨，就是為未來繼續合作奠定基礎的成功協商。

下面所列的是我經驗中促進成功協商最重要的幾點：

- 不要再進行所謂的年度會談：年終只是隨意偶然的時間點。主題應該依需求決定，不應該在時間壓力下召開會議或協商。工業界或商業界應該配合各自所需，協調某商品組群的最佳化。另一項優點是：條件直接或時間上的比較消失了。
- 事實上，每個「年度會談」都是一種技策協商。採購人員與業務和銷售人員共同確定大方向後，自行全權負責其會談。他有權自行決定。

- 採購人員不應該帶著利潤目的參與協商，而是用大體方針想法（如和供應商交換意見、商品等），方針和條件一開始要清楚分開。上述的「牙膏哲學」在這裡很有幫助。
- 原則上每個供應商的商品銷售，都可再提高百分之二十至百分之五十。問題是：要不要做，怎麼做？這裡和方法、選擇有關。
- 銷售優於售貨差額。很清楚的是，成本和利潤都在售貨差額內。所有顧客業務的基礎就是銷售。採購和供應商要共同為顧客利益著想，為消費者想—其它的都是次要。
- 採購、供應商或交易條件都不應決定商品組合。
- 交易條件不可造成量的壓力。基本原則是：顧客（自助服務）的自行決定，大量購買的優惠極少是有意義的。
- 採購人員不應承諾那些日後要用小技倆才能辦到的事。
- 尋找運輸合作模式及互動模式。這裡可以考慮ECR的基本理念。

決定雅帝和供應商之間關係的並不是只有採購交易條件，生產自有品牌者，要對委託者有足夠的信賴，這會在業務關係過程慢慢發展。可能一開始，會因為雅帝的緣故，供應商有一種被「指導」的印象，因為供應商的品質、穩定性、包裝設計、包裝規格、衛生條件及可信賴的生產過程，對雙方的合作息息相關。很多供應商清楚雅帝的期待為何，他們向同事打聽，用有別於其它公司的方法和雅帝打交道。重要的一點是，而且所有雅帝供應商都可確認：

絕對不會有任何檯面下採購條件的事。雅帝希望有能力的供應商也能生存下去。

## 只有成本優勢可造就價格優勢

成功的關鍵因素之一為成本管理與成本結構。這裡最重要的公司效能有多高，工作人員的細節工作做到何種程度。芬尼的總裁艾繆爾·海茲（Emil Heinz）在德國日用品雜誌舉辦的批發銷售會議特別強調：

「沒有比價格更重要的了。只有具成本優勢的人可造就價格優勢。」

一些成本管理與成本結構的觀點，以下會用雅帝實務例子來介紹，因為聰明的成本管理是批發百貨系統不可或缺的基礎。雅帝還沒有糊塗到發布一個「命令」，要某種成本形式減低一定的成本百分比，**降低成本是不能用暴力來達成的，有影響力的反而是價值分析的基本觀念**。做價值分析時要研究特定領域或成本方式分析，分析它們對特定產出的背景、意義、必要性。不必要的部份，可以刪去。成本管理的尺度一直是企業必要的技策。萬萬不能讓這個「技策基軸」被換掉。舉例來說，如果一個公司的技策出發論點是顧客資詢，那麼在考慮該部門裁員時要特別謹慎。過去幾年，很多百貨公司陷於這個困境：高人事成本減低顧客諮詢的負擔？如果這指的是避免收銀台前大排長龍的隊伍，那麼雅帝一直處在這個困境裡，其實這只是一個暫時的現象而已。

## 世上最快的收銀員

雅帝的收銀系統已可謂是一個奇蹟。現在或過去恐怕都找不到比雅帝收銀員動作更快的了。儘管排隊的對伍太長是所有的顧客都抱怨的對象—在雅帝也是—但大多數顧客的想法，在下面要引述的日用品雜誌舉辦的消費者座談會，一覽無遺：「隊伍前進的速度非常快。雖然隊伍很長，但是動得很快。他們真的動作非常迅速，我很少停在隊伍後面不動的，很奇妙，但這是真的。」另一個女性顧客說道，雅帝的收銀員都像電腦一樣吧！

從前所有的收銀員把價格都背起來，現在他們背的是每樣產品的三位碼代號。顧客把商品收到購物車上的速度，可能還比不上收銀員結帳的速度快。收銀員大概在兩個星期內可以記住所有的商品代號。

也沒有其它的收銀系統比雅帝的更值得信賴了。調查結果指出，和其它超市相較，雅帝在產品價格標示和收銀員輸入資料比較結果上，失誤率幾乎是零。其它類似的超市如統統買、普路斯、馬沙、全球、芬尼等，都沒辦法達到雅帝的水準。使雅帝值得顧客信賴的原因又多了一條。

南部雅帝的收銀員仍然使用「傳統」的方法，也就是沒有產品編號。現在正計畫更改。收銀員首先要記憶價格，這樣一來，收銀機所儲存的資料，就沒有辦法用來做出每個商品的銷售額統計。但是，顯然默海中心目前所擁有的資料仍然足夠有效運作業務。

有了產品代碼收銀機，就具備了掃描式收銀機的功能。當然這個收銀系統只能運用於商品數不多的商店。和傳統掃描式收銀機比較下，雅帝的收銀系統有以下的優點：收銀速度比掃描式收銀機快得多。因為收銀員不需要小心翼翼地找產品條碼，然後還要用機器掃過條碼一次。雅帝收銀員可以快速結算還在輸送帶後端的商品。另外，雅帝收銀機成本低得多，沒有掃描器，也可省下一大筆修理費。這裡又可看出雅帝有限商品的政策所帶來的優點。

但是沒有精明的工作人員，系統也不能順利運作。沒有可比較的零售店有像雅帝擁有這樣夠資格又友善的工作人員。有經驗的雅帝收銀員每個月的薪給可高達每月五千馬克左右，是同行最高的薪資。

## 顧客偷竊

在自助式的商店，顧客的偷竊行為常造成成本負擔。有些超市的失竊商品金額高達銷售額的百分之一。對雅帝來說，這大約是二點五億到三億馬克。實際上雅帝的失竊率比這個數字小很多。細節工作是成功之鑰。很多雅帝門市的商品架後都設有觀察走道，工作人員可以有系統的觀察顧客，防止偷竊行為，觀察走道是用木材和商品架隔開的狹窄走道，這些走道也設有小的鏡子玻璃窗。門市經理的辦公室也有這種窗戶。

## 店面裝璜與商品擺設

有很多人認為，雅帝的門市裝潢及商品擺設是有「銷售心理學」上的原因的。外觀故意裝潢樸素，是為了造成低廉成本印象。這是不正確的。對雅帝來說，這裡不是印象的問題，真正相關的是節省成本及誠實提供顧客商品，不是用「外觀」來吸引顧客。顧客不用去「相信」，雅帝很便宜，雅帝「實際上」就很便宜。我們沒有必要去催眠顧客。這一點，顧客經由他們親身比較過價格就知道了。對於裝潢雅帝門市，我們堅持適用、持久又省錢的材料。商品架的大小、走道的寬度—如果可能，還包括店面的長寬及地點—都要基於運輸方便（紙箱大小、運貨平台規格、調動走道及起重車）的考量做設計。

在零售店，通常會把高價位的商品或利潤較高的商品擺在目視高度的架上，利潤差的商品，如：糖、麵粉等，通常會被放在低的地方，顧客很不好拿，有時還找不到。相對的，雅帝商品放在架上或運輸平台上，完全基於運輸方便的考量，不考慮視覺效果。雅帝的擺設技巧原則上考慮日用必需品、商品種類、送貨頻率，不同商品有不同的貨架容量及擺設位置。

## 貨物運輸

北部雅帝和南部雅帝的運輸作業可以說是南轅北轍。南部沒有在貨車上設裝卸升降台，但是設在每個店的卸貨處。北部則只有少數由於建築技術上有無法克服的困難時才設，結果每部卡車都設有裝卸升降台。現在多傾向將門市設於市郊，因為有停車場的地方，銷售及顧客量都會上升。這使得北部也走向捨棄卡車上的裝卸升降台。這樣一來，運輸成本大幅下降，但是需要一個混合車隊，某種程度上增加了複雜度，因為這一點在安排貨車調度時要注意。

因為最重要的店面建築技術及租賃店面的問題，使這兩個基本系統的差異很難量化。城市外圍的商店很容易興建，但市區的可能性有限，很多店面在不甚滿意的情況下運作。但是到處都有另一種可能性，這一點是無庸置疑的（豐田哲學）。

由此，我們又可以觀察南北分家的好處。人們不需要努力協調同意，可以簡單地觀察別人的系統。南部雅帝很多方面，原則執行得較徹底且成本導向較強，北部則較有彈性。

## 工匠的工作單

負責雅帝店面各項維修的工程公司，例如電器維修工，完工時要填雅帝的工作時數表，這張表經由門市經理簽名後，做日後對帳根據。這是個簡單對抗各種小技倆的方法，很多公司也有這個制度。

## 雅帝市場原則

總結來說，雅帝的傳單都解釋得很清楚。這些原則都不算什麼天大的秘密。只要能，也會做。亞伯列希特一九五三年就說過了，數十年來雅帝的傳單傳達的也是這些訊息。

物美價廉！短短的四個字就說中了雅帝的目標與成功原則。但是，這背後藏有多少計畫、組織及細節工作！一探這個偉大企業的簾後是非常令人興奮的，公司內的每一項工作，目的都是提供品質最好的日常所需產品，而且用最低廉的價格。

## 世界各地採購

在任何一個雅帝商品上市前，要走很多路，用很多方法來確定便宜的價格及大宗的供應量。討論方向和條件的協商或議價會談不斷地進行。這裡我們也試著實現我們的方針。我們的採購人員不只是要找便宜貨。他們試著將任務做到把附帶效果運用到採購優勢。可能性及方法很多：

鼓勵長遠合作的委託生產商，生產現代化，生產過程合理化。

如果別的地方有供應商，不斷推銷他的產品，則說服他捨棄廣告，完全驗收保證。

少一點重大承諾—例如：答應每回都運整車貨—可以拿到額外的採購優勢。

這些例子應該足夠了。他們清楚的指出如何採購，達到低廉售價的準備工作之一，這些努力如何的發揮作用，及合理化對生產的影響。世界各地—雅帝商品線的產品來自五大洲的許多國家。

## 經濟的運輸

每日有大量的物品需要運輸，以確保雅帝市場的貨物及時抵達，貨源充足。這個大量的銷售額也需要像時鐘一樣精準的工作。準備充份的職員、完美的組織、長年的經驗、及現代化的運輸結合起來，實現經濟貨物運輸。有時幾芬尼的差別，就會對單一商品價格造成負擔。

## 嚴格的商品選擇

有人喜歡在二十種威士忌品牌來回選擇才下購買決定，這種人的願望沒有辦法在雅帝市場實現。我們的原則是：「盡量少提供或重複同類產品。」原因也可以在成本及售價找到。如果我們要把同一種商品用各種包裝或各種規格來提供，那我們的顧客也要付出同樣的代價。藉由捨棄商品的花色，我們訂貨量增大，售價也會比較便宜。因為生產也可以在較划算的條件下進行。不過，我們不僅有低廉的進價，也需要較少的倉庫空間，因為商品銷售速度非常快。這代表了：我們只需要小的倉庫和店面，倉儲成本也低。更何況我們的目的不是要提供顧客，因為商標不同就有售價差別的商品，儘管它們的進價都一樣。

## 店面地點和價格有關

占銷售很大部份是租金的支出。我們在節省成本方面所做的努力，首先可以在一件事上看出來，我們嘗試依期待的銷售額決定店面大小，店面太大的情況很少出現。同時，我們也避免找尋地段太好的店面。雅帝門市不會在主幹道，而是在支線或商店街邊緣，路程遙遠對我們的顧客來說，當然不是很體貼—但是也有它的代價。租金成本低，售價也跟著低。

## 販售不花俏

理性的販售—對我們來說，它的意義不只是一個關鍵字。在雅帝購物，可以清楚地看見背後藏的是什麼。糖、麵粉、飲料、牛奶、洗衣粉等貨品，不用拿到手上一次，就直接把連運送平台的貨品擺在店面販賣。其它的貨品會在倉庫一起放在運送平台上，送到店裡，到時只要把紙箱擺好，打開切割—貨品就準備就緒，可以販賣了，我們從來不研究單一包裝及商品裝飾。冷凍或冷藏食品也是我們販賣的商品，我們的冰櫃或這類商品的包裝大小，都是經過考量，合乎我們的需求。冷藏架或冰櫃的容量要夠大，商品包裝都事先量過，讓商品可以一整箱放進去，避免浪費任何空間，也不用個別上架。

## 沒有半點奢華

在市場的陳設、裝璜方面，雅帝不會多花半毛錢在不必要的設施上。理性實用—這樣一來可幫雅帝省了幾千到幾萬馬克。實際上，我們省下的錢是一筆很大的數目，而且花這筆錢並沒有幫助降低售價的作用。不只一次這樣，每一回裝修雅帝都力行精省原則，畢竟沒有設備是永久耐用的。

## 我們不斤斤計較的地方

只要是和品質有關的地方，我們都不會斤斤計較。理所當然，我們不會放過任何可以改善價格條件的可能性。但有一種情況下，我們絕不妥協，也就是我們決不會因價格而犧牲了品質。用犧牲品質降低成本的方法，不是我們該做的工作。為了不讓有人認為，我們只是唱高調，而不是認真的，我們提供品質的最高保證，可想而知的：只要顧客不喜歡某樣商品，他就有權退貨。理由是：「我不滿意」就足夠了。貨款也會無條件退回。

## 持續價格資訊

我們努力的最終目標就是理性的銷售，這個結果可以在價格上觀察得到。我們的目的不是只提供兩手數得出來的特惠商品，每一個商品的價格都經過精密的計算。每一個價格都是持續的價格，我們的售價只有在進價變動的狀況下才會跟著改變。

我們不斷地證明，這不是空虛的承諾。

我們設定價格的時候，不僅有助價格比較，也讓內容量測試簡單化。在商品名稱前加一個點及內容量標示，例如：一公升瓶裝安瑟費得酒，表示同樣商品還有別的容量規格。視覺上很難注意到其差異。因此，較好的方法是，不只注意標價，也要注意容量。

在我們的資訊裡還有連串和購買有關的線索，如：門市商品提供試吃、試用—且絕沒有人影響購買意願，讓顧客自己接受商品品質的說服。

## 開明的顧客

雅帝的原則之所以可以實現，當然也因顧客緣故，因為他們很快就認出，可以在這裡得到什麼樣的好處。他們祝福這樣的銷售系統，儘管有一些對於採購不甚方便的狀況。

在雅帝市場購物不完全是和其它地方一樣，有舒適的條件。路途遙遠—因為雅地市場並不是每個街角都有；偶爾要排隊等候結帳；捨棄服務人員—這裡只舉幾點例子，使得在雅帝購物並不純粹是一種享受，一種「購物體驗」。但是，要一個銷售系統兩個目的都達到：又要舒適地購物，又要價廉物美，是不可能的事。

所以我們徹底實施品質和價格優勢政策。我們顧客的購物體驗在於購買物美價廉的商品。事實也證明，我們的顧客也傾向這樣的購物體驗，因為它不要很多錢—高價形式—反之，只要一點點錢就可擁有這樣的體驗了。

雅帝本質上並沒有改過它的業務原則。它只有不斷向前發展，適應時勢。價格和品質政策、商品種類有限、及凡事皆有解決之道的思考模式。在不脫離大原則下，有改變的是地點的選擇。因為停車量的需求，使得店面地點向空地較多的郊區發展；冷藏食品，如：乳製品，冷凍食品及非食品類的商品也加入銷售商品的行列。

## 雅帝業務原則有那些特別的地方？

**方針、想法、眼界**

所有的事由此開始。一個公司或企業至細微處都藉此決定。清楚的政策及明白的宗旨是每一個成功的業務政策的基礎。

**創造商品組合**

商業功能最關鍵的就是商品組合功能，也就是說，依可能的潛在顧客為導向，所供應的商品組合，包含服務在內。公司預先為它的顧客設想做選擇。顧客可以信任這個選擇、品質，也可在不同品牌如美極或康寶之間做選擇。做決定、做選擇都須有勇氣。雅帝不供應太多選擇的同一種商品，因為那只和品牌有關罷了。雅帝的基本原則是：同類商品越少越好，商品組合越多越好（仍在一定的總數下）。商品組合政策及商品選擇和供應商的條件和價格無關。

**價格政策與成本**

低廉的價格和市場地位及競爭政策無關，而是考慮顧客的優勢。成本低廉是低售價的獨立前提。

**廣告**

資訊充份，值得信賴。

**業務夥伴**

以待己的態度來對待業務夥伴——準則是：我生存，也讓你生存。

# PART 4 今日雅帝　展望未來

烏維．拜爾(Uwe Beyer)，藝術指導

我覺得雅帝的一切都很棒。如果我沒有在雅帝買東西，而是在別的超市，走到收銀台結帳時我都很想號啕大哭，因爲我知道，這些東西在雅帝買可能只要半價而已。再者，雅帝還有頂尖的品質管制，所有商品都很新鮮，因爲所有的顧客血拼跟瘋子一樣。

這類好評，讓雅帝能在德國之外，北到丹麥、南到義大利的歐洲市場也吃香，分店連連開。

## 從廉價商店到崇拜對象

君特・歐格（Gunter Pgger）在他「顧客皇帝」一書中，諷刺地批評討論零售店購物文化。他責難雅帝和其它值得質疑的購物方法，提到消費者選擇便宜的供應來源對零售店有負面影響。歐格認為德國的零售業集團在歐洲屬成果輝煌，但是來自德國的批發廉價商店，卻像「黑死病」一樣，佔領鄰國。

要把雅帝這樣的企業視為「不正派」非常困難，因為它商業上非常成功。此外，邪惡的批發商店要求顧客放棄一切舒適購物的條件。儘管以上的控訴，顧客仍然喜歡在雅帝購物，如果有什麼不喜歡的地方，他們大有往別處走的自由。書中還指控，貨物「沒有愛心」地被堆在架上。有那些店在做這件事是很有愛心的呢？也許有其它的地方，可以讓我們找到愛？

實際上，顧客的說法則是完全不同的評價－有一個消費者座談會的女顧客提到：「雅帝有一種清教徒般的簡樸印象，比很多花俏的大超市誠實得多。」雅帝的企業形象也不斷地被用同樣的言辭形容：「簡單」、「誠實」、「便宜」。

一九九七年六月的一期時代雜誌中，刊載了克勞蒂亞・坎夫（Claudia Kempf）一篇題為「雅帝族」的文章。她指出，雅帝這段期間來，對大家不再只是一種「必須」而成了一種「崇拜對象」。

雅帝到底發生什麼變化?這家店不再是難堪的代表,而是一種必須。以前大概只有領社會救濟金過活的人和學生會光顧卡爾和提奧・亞伯列希特兄弟的批發廉價商店,現在卻有更多收入不錯的人,也興奮地帶著購物籃光顧這三千多家樸素沒有裝飾的店。他們受夠了名牌熱,還是這是最新的德國式謙虛?新新人類說:是的,我在雅帝購物。或者更好:在特定一家雅帝。

嫵塔・諾爾(Ute Noll),美編人員

如果人少的時候,如:星期一一大早,到雅帝購物很好玩。我在那裡特別買清潔用品。但我也會注意特惠商品。我覺得很棒的是:雅帝最近也有新鮮的西洋芹盆栽。所以我們一口氣就買了三盆。這真的太棒了,反正我們本來就要買的,現在商品就擺在那裡。那些盆栽對我們的陽台太合適了。在雅帝購物真的很有趣,因為我可以在那裡看到很多各式各樣的人,像電影院一樣。

貝蒂娜・烏勒曼(Bettina Uhlemann),鐘錶修理師

我們在雅帝採購,因為這裡有很多不須標為名牌的便宜東西,如:童裝、嬰兒紙尿褲。這些商品的品質無話可說的好。舉例來說,我在雅帝買了一件睡衣,大概用洗衣機加上翻攪功能,洗了三十次之多,這件睡衣現在仍好好的。我先生對於在雅

帝購物崇拜不已，有時他試著早點下班，好到那裡採購。我想，他覺得這件事也很有意思吧。他總是帶大盒早餐穀類或罐頭肉品回來。我覺得習以為常，他卻覺得很有趣。

海佳・史密特─威爾布洛克（Helga schmidt-Wellbrock），前旅館老闆

因為朋友的關係，我才開始注意到雅帝，因為我們有一回喝到一瓶很好的香檳，在雅帝買的。從那時起，我所有酒類產品、其它宴客用品或對孩子重要的東西都在雅帝買。冷凍食品當家裡的存糧再好也不過了。每個星期四我都會去雅帝，因為那裡有新鮮的花。我很喜歡那裡的大空間、整潔和好空氣，更何況所有的物品都很新鮮。還有收銀機收據也很有用，不僅標示金額，也清楚地標示品名。這樣在家可以輕鬆得看出所花費的金額。

哥茲・哈特曼博士（Dr. Gotz Hartmann），經理

我特別到雅帝買東西的原因，是那裡的東西真的很便宜。有特惠商品的時候，最大的問題就是，可能買不到，因為很多顧客都明白，那裡的東西很好。結果成了只要有特惠商品時，就要繞遍附近所有的雅帝門市去找，比方說，領口大小適中的襯衫。基本上，我們可以說雅帝的商品品質真的很好──襯衫的品質更是沒得批評──而

且價格低廉，貨比三家找不到。雅帝最值得讚美的地方是，我們省下很大一筆數目的錢。

海茲・隆恩（Heinz Rohn），工程碩士

自從我退休後，我常和很多朋友一起去購物。雅帝在我們鄉下也有它的社會功能，透過共同購物有社交接觸。我在這裡買日常所需的產品，商品最句說服力的地方就是物美價廉。特惠商品也都很吸引人。有一回，我買了一件美得不得了的駱毛毛毯，結果我太太也要買一件相同的。在一般商店，類似毛毯的價格是我買那件的兩倍。另有一回，我在雅帝買到很好的血壓計，但是能不能買到特惠商品要看運氣。最慢一兩個星期內，所有的特惠商品就銷售一空了。

史提凡・茲因克（Stefan Zwink），建築師

其實，我每一回上雅帝都是有目的，從沒是偶發的情形。那裡有賣一種很好的地板保養液，我很喜歡用它來保養我的鑲木地板。其次是，我們有一個三人組成的料理俱樂部，每個人都要做一些菜，這時雅帝的橄欖油也可派上用場。若雅帝有不錯的食品類，我也會在那買。例如它的香檳非常有名。我還知道有些人，一次把店裡所有的香檳買得精光。不只是為了宴會，也可放在家裡以備不時之需。我到現在還

沒買過特惠商品。如果雅帝要賣腳踏車，一定很值得買。它的價格一定便宜到每年可買一輛。

葛列格・舒爾曼（Gregor Schurmann），講師及企管顧問

每個人都嘗試要有意義地用錢。如果可以因此得到生活上的喜悅，那奢侈也有它的意義。但是我的衛生紙不需要買名牌，清潔劑我注重的是品質，雅帝這類商品可說是絕無僅有的好。像雅帝餅乾來說，每個在大學念過書的人都知道，我們可能會換個地方買，但是買的都是同一種。我大部份買的是家庭用品、清潔用品或個人衛生用品。但是雅帝有一些罐頭食品，和名牌的品質一樣好，雖然商品上沒有那個名牌標籤。我都是很有目的上雅帝購物，有些東西我也不會在那裡買。但是我每回都很驚訝，我怎麼辦到買了一整個購物車的商品，卻沒花費超過一百馬克。這的確令人難以置信。

安德蕾雅・哥可（Andrea Goke），高級職員

我很喜歡，也常在雅帝買東西，因為那裡商品的品質很好，價格也很能接受。我幾乎在那裡買所有的東西，有時也買蔬果肉類。那裡的氣氛我也覺得不錯。所有的商品整齊的排在那，一目了然。我覺得特別好的地方，是那裡有時會有一些意想不

到的商品。例如去年冬天，我就在那裡買了一件非常好的安哥拉羊毛的衛生衣，很適合滑雪時穿。我買得到還算是運氣不錯的了。有一次我真的費了很大的勁去找一個小型吸塵器，我在朋友家看過，是個非常實用的產品。我固定去的雅帝門市沒賣，所以我只好打電話給所有雅帝迷朋友，請他們替我留意這個吸塵器。可惜我後來還是沒找著。

烏維．拜爾（Uwe Beyer），藝術指導

我覺得雅帝的一切都很棒。如果我沒有在雅帝買東西，而是在別的超市，走到收銀台結帳時我都很想號啕大哭，因為我知道，這些東西在雅帝買可能只要半價而已。我最常吃雅帝的蛋糕，和加了全世界最好吃的鮭魚醬沙拉。我在別的超市買東西時，常有選擇的危機。在雅帝，除了一些沙拉和咖啡以外，同一商品選擇很少。再者，雅帝還有頂尖的品質管制，所有商品都很新鮮，因為所有的顧客買得跟瘋子一樣。最近我買了一個吹風機，只花了十五馬克，馬力強得可以把整個頭都吹掉。它還掉進馬桶過一次，但是卻沒有因此故障。此外，我還有一個雅帝帳蓬、一台收錄音機、以前還有一台電視。最偉大的是雅帝的收銀員。他們是全世界最快的收銀員。他們很少結錯帳，會與每個顧客都親切的交談。我會試著與收銀員的輸入速度比快，結果我幾乎是將東西用丟的到購物車中，但還是比不過他的輸入速度。雅帝購物的人

各形各色，來自各個文化。偶爾也有很好笑的人。有一回，我撞見兩個泥水工，一次買五箱的啤酒，結帳時兩個人已經喝了五罐了，因為他們一定常喝得酩酊大醉吧。

一張德國工會聯盟的傳單指出，大眾正面地，或者幾乎是像家人般的經營與雅帝的關係：顧客和雅帝的關係是一種心存感謝、近乎友誼式、非常感性的關係，這種程度在日用品業沒有其它公司辦到，只有從前顧客和「愛瑪姑媽的店」那種親切的關係可比擬。

年輕人開「雅帝派對」的習慣，一直到今天都還存在：就是標語為「雅帝」展的派對。每個人帶一項雅帝商品，大家共同試吃，還要打扮得和雅帝有關。例如：印有類似雅帝圖案的T恤，帶一本雅帝成人食譜「雅帝族」，現在還有雅帝兒童食譜：小雅帝，作者為寶拉·史畢霍夫（Paula B. Spielhof）和卡琳·奧根塔樂（Karin Augenthaler）。這一本書是和一個自稱「第一德國雅帝迷」的社團合作的。這個社團的目標是「認識批發廉價市場雅帝，為一個更好、更誠實、更享受的未來」。這個社團的背後並不是雅帝集團。雅帝集團對這個社團所知並不多。

德國工會聯盟「消費者」工作小組傳單。

您要把您的錢丟到窗外嗎？
過高的價格要求沒有必要，如果您善用您的機會！
有價格意識的購買！
請您注意相關資料！
您用您的錢來決定價格！
每年您因為東西買貴了損失了一大部份的收入！
這些都是沒有必要的！
我們藉著價格比較提供您相關的資訊。
我們為您買了：
兩籃內容一樣的商品
知名品牌的商品或品質一樣好的商品
一籃花了：　九十九點〇六馬克
另一籃花了：五十六點八馬克
您自己親眼瞧瞧，今天請您來參觀我們的攤位
九月十五日，九時至十三時

席勒廣場
「消費者」工作小組
德國工會聯盟
依瑟隆地區

## 活躍於國外地區

一九七六年日內瓦AIDA會議，討論到雅帝主題時，有個義大利與會者被問及，雅帝模式在義大利可行度多高。二十多年後的今天，雅帝正踏上邁向義大利的道路。義大利人很久前就可以運作這種市場模式了。他們卻等到德國第一家批發廉價超商出現。有一個美國人問到，雅帝的經營和業務原則是否也適用其它國家，縱橫擴張全球?如果人們可以遵循扁平化原則－如麥當勞－那問題還小。我估計，期間雅帝的外國銷售額已達一百五十億馬克。

### 歐洲地區

批發廉價市場於西元兩千年佔市場比例可達百分之二十至百分之二十五。一九九一年還估計只有百分之十，一九九六年有百分之十六。

商業界日用雜貨超市業，很多在外國的實驗失敗了。比利時公司在荷蘭計畫放棄，荷蘭人在比利時沒有成果，瑞士和法國也想在德國嘗試。其實，歐洲甚至美國，只有一種日用品業的形式可能成功，那就是批發市場。像雅帝的對手利得就擴張得很成功，他們在德國外的歐洲地區擁有一千五百家店。另一方面，「軟性批發市場」的原始嘗試也很少有成的。只有「硬性批發市場」如雅帝，才有辦法征服市場。很多「軟性批發市場」不是轉變成「硬性批發市場」，就是轉型為商品眾多的社區便利商店，如天格曼的普路斯超市的正式政策。

## 奧地利（南部雅帝）

亞伯列希特集團第一個在外國的投資是一九六七年接手奧地利的一個小企業，叫做好福（Hofer）。這個名字到現在還保留著。有很長一段時間好福／雅帝，如和在丹麥的集團情況一樣，和官方有些問題。一九七五年，有人試圖通過「反好福法」。所有的批發超市有義務，引進牛奶、乳製品及麵包，使人民的食品供應更齊全。

所有國家的狀況，和德國的一樣，顯示出這些規定並不是真正關心人民的食品來源供應，而是為了鞏固少數特定行業公司的經濟利益或利益團體。反好福的風潮及支持「反好福法」的背後其實是「康頌」超商集團。說不定如果康頌努力改善公司技策方向，結果反會好一點：後來這個企業終止了它的生命。雅帝／好福在奧地利有一百五十家門市，銷售額超過二十億馬克。

**美國（南部雅帝）**

在美國投資的是卡爾・亞伯列希特。一九七六年他接收伊利諾州的賓那茶廠，期間經營一千家盒子商店（Boxstores），美國人把這種商店取名取得真的很貼切。銷售額近來已達四十億馬克。

**英國（南部雅帝）**

南部雅帝在英國於一九九〇年開始活動。這個有趣市場的商業利潤極高，這可能是南部雅帝「默認同意」北部雅帝在原東德地區發展的原因。另外一方面，北部雅帝在荷蘭的發展比較容易。

但是，南部雅帝非常成功。從一九九一年到一九九四年，因為擴張的關係，銷售額成長六倍。一九九七年雅帝在英國約有兩百家門市，銷售額約十五億馬克。

**荷蘭（北部雅帝）**

二十多年前，北部雅帝接收荷蘭一家位於采司特的小公司康比，這是北部雅帝在國外活動的開始。荷蘭是後來進軍比利時（佛朗登地區）經華倫尼地區到法國的重要跳板，因為語言的關係，這裡發展得特別順利。約三百家的門市造就了二十億馬克的銷售額。

## 比利時（北部雅帝）

一九七六年，北部雅帝接收蘭沙公司後，正式開始在比利時的發展。此時，此地的專家也開始他們的分析研究及觀察。專業雜誌「趨勢」一九七八年有一則很聰明關於新地位的描述。從一些引述可以看得出來，比方說，比利時人在雅帝進軍荷蘭三年，開了八十家門市後對雅帝的觀感為何：「雅帝是個異數」，其它還有：「亞伯列希特兄弟，兩個白手起家的人，在德國用原則開始，讓重要的商人也搖頭探息：任他們去吧！反正也不會有什麼成果。」另外還有一些正確的觀點：「唯一的形式：品質和價格」及「整個系統建立在由於精省成本的低售價，但是總利潤卻非常可觀」。記者也描述了競爭者的反應：

「商業界的專家知道，這個企劃簡直瘋了，而且持有很好的理由。消費者所期待的是地方上完整的商品供應來源。一般超市大概擁有五千種商品。商品的選擇越多，對顧客的吸引力就越大。消費者期待的是一個舒適的購物氣氛和豪華的裝璜。大多數的消費者不會買完全沒聽過的品牌的商品。雅帝賣得太便宜了，它沒有辦法支撐太久。對了，我們以前還聽過那些呢？我們這裡的顧客希望有人服務，在比利時自助式的商店完全沒有機會。超級市場：對美國人來說很好，在這裡卻行不通。」

是啊！比利時的記者在這裡學了一課，假設他們也都讀過「一九五三年的卡爾·亞伯列希特」。另外，雅帝在國外的事業還沒有像比利時起步得這麼快又如此順利。和在其它很多國家的情形一樣，雅帝是當地少數成功的外國人之一。三百家門市的銷售額約二十五億馬克。

## 丹麥（北部雅帝）

在丹麥，雅帝可說是很有名了，但時至今日，仍因不明原因沒法達到綠色區域。新加入的競爭者強立的對抗，他們幾乎是「恨」雅帝恨得要命。

艾力克・松斯特羅（Erik Sunstrom），丹麥殖民貨品及廉價商品業協會主席，寫道：「我不懂，《他們》到底要做什麼?·丹麥的商人竭盡所能，卻彼此處於頑強的競爭戰中。」

在丹麥，保護主義的實行把雅帝打得滿頭包。例如禁止保久乳在沒有冷藏的狀況下運送和販賣，後來歐洲委員會及歐洲法庭也出面處理，丹麥後來不得不低頭。一九九七年初雅帝擁有二百家門市。如果和德國的人口比較，這樣的市場數已趨近飽和。期間銷售額應已達十億馬克。

## 法國（北部雅帝）

批發市場在法國，十年前可是文化革命，今天卻是締造佳績的大功臣：門市超過一千五百家，每年增加約二百家。這個數字，可能跟當時德國的情形一樣，被大幅低估了。

在法國，美食者之國，雅帝一開始就創造了驚人的成績。運輸上來看，從比利時南部開始，法語區華倫尼區非常簡單。一九九六年雅帝接收七十四家波馬地地區的迪亞超市。一九九七年雅帝門下有三百五十家超市，銷售額超過二十億馬克，利得也有四百家門市。德國的批發超商業瓜分了整個法國市場，專家這樣形容。法國人覺得自己的機會很小，因為他們認為擴張所需的資本額很大—這是不正確的估計：和別的零售業投資比較，這裡的資金很少。我認為困難在於，他們沒有學到如何實踐一個簡單的方針，徹底、簡單去做。

## 美國（北部雅帝）

一九七八年，我替提奧・亞伯列希特在美國買了一家賣美食、歐洲酒類及乳酪的小企業—老喬的店。不僅是最有名的明星演員都在這個公司的好萊塢分店買東西，也有顧客開車開一百哩，只為了在這家店買東西。它的創立人是喬・可倫布，他是我遇過最有知識，最有想像力的企業家之一。他完全顧客導向的熱忱是日後成功的基礎，不光只是他在古典音樂電台有名的，題為「這裡是喬・可倫布和今天的下酒小語」的廣播廣告。協商的一開始並不是很順利，真的是步步艱辛。喬・可倫布害怕他的公司和職員會和雅帝水火不容。提奧・亞伯列希特後來買得成喬・可倫布的企業，還得感謝我個人和喬・可倫布及他太太的信任關係。

這個投資一開始很小，後來成了很大的財產。現今的八十家門市，所創造的銷售額為七億五千萬美元。把美食放在運貨平台上賣，已成了人人追尋的方式了。

在一些埃森集團的批發廉價企劃開始了又停擺後—那時，我在德州面試申請CEO職位的人—我替提奧・亞伯列希特繼續找美國其它有趣的日用品市場。愛達荷州的亞伯斯東公司很吸引我。感謝和亞伯斯東公司的大股東及頂尖的經理人，新的大股東提奧・亞伯列希特基金會，於一九八二年「友善地」被接受了。雅帝拿到百分之十的股份，這個在美國銷售額第六位公司的投資，可說是明智之舉。

## 義大利和其它國家

有人說義大利是最瘋狂批發超商的地區：每個月有超過一百家店開幕。雅帝還位在羅馬廣場的門前。

這會怎麼發展呢？雅帝大腳獸不斷的前進。歐盟實現了快速的資訊交換，界限越來越開放，看來，雅帝很快就會在每一個歐盟國家有定點了。「歐元」的引進，使得跨國界的比價更容易。

組織經營管理隨著規模的增大越來越容易。但屆時埃森中心的行政委員會還能不能領導整個王國，還是個問題。對默海來說，倒是可以想像—如日常業務—可能他們比較能管理，但要集中在幾個少數非常吸引人的國家吧。

# 未來觀點

雷威集團的總裁漢斯・來舍（Hans Reischl）不久前預測，批發市場系統已經發展到極限了，因為供貨全方位的超商已知道如何控制成本，加以反擊。我對這個預測不以為然。我認為假象在於其它系統可能改善了不少—仍值得懷疑—但批發廉價市場完全是另一個系統。

雅帝方針和雅帝文化，特別是組織基石及業務政策原則，造就了一個嚴謹的完整系統。

雅帝是一個獨立的系統，且對雅帝來說：

系統比人員更重要。

這樣根深蒂固的系統原則上可以轉用其它應用者、其它行業及其它工作，甚至文化、政治領域。

雅帝用簡單的原則、貫徹性及注意小節的工作，贏得了競爭上的優勢。在同行競爭者用來造堅固的組織、恥笑新手、呵護複雜性時，雅帝早已懂得充份利用這個時間。現在，已經有一些競爭業者覺醒了，要除舊習。如果能廣泛傳播商品組合和價格才是零售業主題的知識，市場會更活絡，因為這些才是顧客有興趣的地方。

回歸自然或找回原點，我只能向商業界疾呼「簡單地做就是了」！有一些繞著核心問題「為什麼顧客要光顧我的店？」優良的企業文化，優良的組織及業務原則就是解決之道，更帶來企業的蓬勃發展。

## 電腦壓迫豆類罐頭

北部雅帝的非食品類商品或即期商品，官方或內部指出，期間已佔銷售額的百分之十三到百分之十四，對北部雅帝來說是二十二億馬克的銷售額。如果雅帝可以充份供貨，銷售額可能可達六十億至八十億馬克。

過去雅帝的規定很嚴：即期商品要在三個星期內售完。現在雅帝發展得太快了，但也不是沒有問題。依目前的系統，每兩個星期就會引進十二種新的商品，非食品類常有超過三十種商品的情形。商品剩餘的情形不可避免。如果把這些剩貨以後用比較便宜的價格販賣，也會產生信賴度的問題。其它的問題還有如：有些門市有些貨只拿到八件（漢堡門市的烤麵包爐），因為採購沒有辦法拿到充份的貨源。

法蘭克福日報對於雅帝以一千九百九十八馬克低價，販賣美地恩/生技（Medion/Lifetec）Pentium 個人電腦，有以下的說法：

「有誰想到雅帝會出這一招呢？這種好幾千馬克的商品區塊，雅帝也插手進來賣。從那裡，我們也拿來了這個一千九百九十八馬克的小型 PC，它叫做美地恩。」

專業人示指出，雅帝在一九九六及一九九七年銷售個人電腦，在幾天內，一萬五千台個人電腦，造就了三億馬克的銷售額。同一個商品，一九九七年十二月（生技牌，一千七百七十八馬克），銷售額高達十億。

這個招財貓式的商品原本是大賣場超市的主意。雅帝把它抄過來，加以複製。日用品零售商販賣非食品類的消耗品似乎越來越重要。

不提供服務，少數商品低價銷售，仍是這裡成功的原因。好幾萬個由日用品超商支配的銷售點是成功的基本條件。但是雅帝和奇寶仍然繼續銷售其起家的商品，用原來的方法。

## 雅帝的徹底原則還在嗎？

拓展非食品商品算是雅帝程度上的改變，而不是原則上的更動—和擴張商品線是不一樣的：北部雅帝過去幾年擴展了一百五十種商品。在我看來，原則變動的成份居多，可能有系統變動的趨勢。

南部雅帝—幾十年來都是四百五十種商品—現在約有六百種商品。默海人總被說成「忠於聖經」、呆板，但是也是清楚堅持的企業領導人。在很多發展方面，他們總是好幾年後才跟上埃森集團，如：冷藏、冷凍食品、乳製品、蔬果。埃森集團比較有動力和創意，默海比較徹底、單純。現在就可以預測，南部雅帝會因此比較成功。

紀律化對商業界來說，尤其是批發市場，是所有實務中最困難的。很多主事者會弄錯，如果六百種商品會成功，那麼六百一十種也可以成功，顯然連六百五十種也會成功。難就難在，這個假設不一定是錯的，但是，界限到底在那裡？我們只能隨機找到界限，然後嚴格遵守。但有一件事很清楚：每多一個額外的商品，就需要額外的工作量。此外，類似商品的銷售量及其對採購的意義，就會因此降低了。這裡還牽涉到沒有辦法量化對組織流程的影響。雅帝不做麻煩的計算，而是長期嚴格地限制界限。在既存的範圍內，每個工作人員可以盡量發揮創意—如愛因斯坦般的—不斷嘗試。

基本上，北部雅帝的商品線擴張是個價值上的轉變。組織上來看，北部雅帝重要、成功的扁平化原則及監察文化，也基於不同的原因漸漸改變。整個方針處於過渡階段。尤其是最上層的企業領導階級、行政委員會的人事也有大幅變動，沒有人可以確定，雅帝是否可把到目前為止成功的原則，繼續貫徹執行下去，像過去一樣，保有徹底簡單的風格，這一點目前的南部雅帝仍堅持。德國雅帝業務經理的老戰友，例如貝克斯（Friedhelm Bekes），或前幾個荷蘭業務經理，這些人都曾是徹底的雅帝人，現在卻都已離職。一些徹底實踐雅帝原則的行政委員，也已不在指揮團隊上了。

未來理論實務的所有問號，都留給目前仍給雅帝正面評價的消費者來回答，這個優勢是不會這麼容易消失的。雅帝的領導群在和利得、芬尼、聶圖的競爭中，也須冷靜思考，雅帝方針將來如何繼續發展。

一九九七年，史考特・亞當斯（Scott Adams）在他的暢銷書「呆伯特原則」中告訴所有企業，他很少找到會建議遵循古法的企管顧問。我身為—儘管是雅帝不會找的—企管顧問，仍然要建議雅帝：「保有成功的原則和系統，變動要謹慎考量，只做程度上的更動！」系統維護取代系統變動。

持續的同行競爭，日趨加劇，在德國市場不斷的壓迫到雅帝。短期的銷售損失也沒有辦法完全避免。一九九七年，雅帝的銷售額和之前一年比較之下，可能下跌了不少。這些劣勢並不是可以用擴展商品線來解決的，而是用不妥協的貫徹性及小心的細節工作等這些傳統秘方，才可以持續穩定相對於同行競爭的優勢。「徹底簡單」仍然是雅帝未來的最大挑戰。

# 高寶集團

## Rich 致富館

| 編號 | 書　　名 | 作　者 | 譯　者 | 內　　容 | 頁數 | 定價 |
|---|---|---|---|---|---|---|
| 001 | 雞尾酒投資術 | 鄭嘉琳、涂明正 | | 唯一能讓你在不景氣中，繼續致富的理財必勝法 | 256 | 199 |
| 002 | 我很有錢，你可以學 | 劉憶如 | | 從名人的生活觀念啟發，引領風騷的獨門賺錢術 | 256 | 188 |
| 003 | 別跟錢打架 | 馬度芸 | | 回歸理性，了解個性，才能創造財富 | 240 | 158 |
| 004 | 富爸爸，窮爸爸 | 羅勃特・T・清崎<br>莎朗・L・萊希特 | 楊軍、楊明 | 雄踞「紐約時報」暢銷書排行榜，第一名寶座數月歷久不墜 | 256 | 250 |
| 005 | 錢進中國股市60秒 | 林宜養、彭思丹 | | 全球化時代來臨的兩岸境外投資賺錢寶典 | 480 | 295 |
| 006 | 經濟蕭條中7年賺到15,000,000 | 柏竇・薛佛 | 張淑惠 | 不被這本書激勵的人，現在和未來永遠都是窮人 | 320 | 279 |
| 007 | 星座打造金星帝國 | 鄭嘉琳 | | 有史以來最具財經專業的占星書 | 192 | 180 |
| 008 | 富爸爸，有錢有理 | 羅勃特・T・清崎<br>莎朗・L・萊希特 | 龍　秀 | 為你解釋神奇的現金流現象，帶領你走向致富成功大道 | 336 | 280 |
| 009 | 富爸爸華人版－錢滾滾來 | 劉憶如 | | 為你揭開全球華人成功傳奇 | 208 | 188 |
| 010 | 成功的14堂必修課 | 林偉賢 | | 將世界將大師的成功課程帶回家 | 256 | 250 |
| 011 | 我11歲，就很有錢 | 柏竇・薛佛 | 管中琪 | 致富理財觀念小學培養紀實 | 240 | 229 |
| 012 | 富爸爸，提早享受財富① | 羅勃特・T・清崎<br>莎朗・L・萊希特 | 王麗潔<br>朱雲、朱鷹 | 享受財富必須立刻行動 | 272 | 250 |
| 013 | 富爸爸，提早享受財富② | 羅勃特・T・清崎<br>莎朗・L・萊希特 | 王麗潔<br>朱雲、朱鷹 | 窮人和中產階級所不知道的富人世界 | 340 | 280 |
| 014 | 不看老闆臉色，賺更多 | 陳明麗 | | 時機歹歹，自己創業才有錢途 | 240 | 218 |
| 015 | 開小店賺大錢 | 超級理財網 | | 不管店面有幾坪，本書教你最高明的開店吸金術 | 256 | 218 |
| 016 | 除了娛樂，還可以海賺一票 | 劉憶如 | | 你相信嗎？看電影竟然也可以賺大錢！ | 176 | 180 |
| 017 | 富爸爸，徹底入門 | Smart智富月刊 | | 一本Step by step的致富理財操作入門書 | 144 | 180 |
| 018 | 富爸爸，致富捷徑 | 柏樺、任傲霜 | | 富爸爸和全球各大企業家的12條成功捷徑 | 272 | 260 |
| 019 | 富爸爸，素質教育 | 柏樺、任傲霜 | | 從小培養智慧，長大就能致富 | 272 | 260 |
| 020 | 富爸爸，FQ培訓 | 柏樺、任傲霜 | | 擁有了FQ財經智商，讓我成為金錢的真正主人 | 272 | 260 |
| 021 | 富爸爸，財富無限擴充 | 柏樺、任傲霜 | | 只有學會富爸爸成功的祕密，才能真正掌握財富 | 224 | 180 |
| 022 | 讓孩子做財富的主人 | 鄭嘉琳 | | 提早學理財，每個贏在起跑點的都是明日小富翁 | 224 | 180 |
| 023 | 剝開遊戲橘子 | 朱淑娟 | | 看31歲的CEO劉柏園怎樣玩出線上遊戲奇蹟 | 256 | 250 |
| 024 | 富爸爸，富小孩① | 羅勃特・T・清崎<br>莎朗・L・萊希特 | 王麗潔 | 如何讓你的孩子在30歲就退休而不是被淘汰 | 208 | 230 |
| 025 | 富爸爸，富小孩② | 羅勃特・T・清崎<br>莎朗・L・萊希特 | 王麗潔 | 羅首度公開「學習贏配方」「職業贏配方」「財務贏配方」的致富公式學習理財不為功利，是為了找尋幸福人生 | 208 | 230 |
| 026 | 學校沒有教的事 | 林偉賢 | | 9個實踐成功致富的方式，21個行動步驟，12個賺錢法則 | 256 | 250 |
| 027 | 富爸爸，致富破解174 | 富揚客 | | 坊間第一本功能最強、速度最快、畫面最親和的富爸爸圖文攻略本 | 192 | 230 |
| 028 | 趁年輕，做富豪I | 祝春亭 | | 據統計約有八成的億萬富翁出身貧寒 | 224 | 220 |
| 029 | 登上名人的財富階梯 | 辛澎祥、陳安婷 | | 2002年結合理財專家與頂尖人物的致富寶典 | 224 | 220 |
| 030 | 開小店賺大錢II | 文字工廠 | | 用少少的資本，賺大大的利潤 | 240 | 220 |
| 031 | 魔法成家書 | Smart 智富月刊編輯部 | | 教你成家致富的真實案例 | 160 | 180 |
| 032 | 趁年輕做富豪II | 祝春亭 | | 24位富豪教你賺取第一桶金 | 224 | 220 |
| 033 | 低利率時代的高賺錢智慧 | 劉憶如 | | 名女人的理財策略首度公開，你必須重新排列「財商染色體」 | 176 | 180 |
| 034 | 食字路口，賺錢賺翻了 | 文字工廠 | | 70%以上成功率，輕鬆變身最富有的美食專家 | 240 | 220 |
| 035 | 與中國頂尖企業對話 | 田本富 | | 他們都是經由美國《富比士》雜誌評選，排名中國前100名的大富豪 | 304 | 220 |
| 036 | 成果式領導的第一本書 | 大衛・奧利奇 | 唐明曦 | 這是一本工具書，教你如何看起來像成功的領導者 | 256 | 260 |
| 037 | 經濟大預言 | 羅勃特・T・清崎<br>莎朗・L・萊希特 | 李威中 | 它將賦予你堅定的信念，你也可以有一個更加光明燦爛的財務未來 | 400 | 350 |
| 038 | 財富執行力 | 羅勃特・T・清崎<br>莎朗・L・萊希特 | 李威中 | 富爸爸的槓桿原理讓你迅速獲得財富以致年輕富有退休 | 448 | 350 |
| 039 | 新全球領導人 | 曼儒・凱特・維瑞斯<br>伊莉莎白・佛羅倫・崔西 | | 全球MBA課程必須研究的三位企業家迴異獨特的領導風，成功地扮演了現代全球化企業最重要的三個典型角色 | 272 | 280 |
| 040 | 上海KNOWHOW在上海買房子 | 張永河 | | 未來五年的上海無限商機，等著你來發掘 | 256 | 280 |
| 041 | 無疆界領導 | 彼得杜拉克基金會 | 柯雅琪 | 彼得杜拉克、暨聖吉、柯維等23位大師談未來管理策略 | 368 | 350 |
| 042 | 鄭弘儀教你投資致富 | 鄭弘儀 | | 教你每年投資獲利20%，17年賺進一億元。 | 288 | 288 |
| | | | | | | |

# 希代書版集團

## Rich Younker

| 編號 | 書　　　名 | 作　者 | 譯 者 | 內　　　容 | 頁數 | 定價 |
|---|---|---|---|---|---|---|
| 01 | 致富關鍵報告 | 邁可方圓 | | 富爸爸五十二個忠告之一，同時擁有物質與心靈的富有 | 208 | 199 |
| 02 | 麥田裡的金子 | 邁可方圓 | | 富爸爸五十二個忠告之二，同時擁有物質與心靈的富有 | 208 | 199 |
| 03 | 錦囊中的錦囊 | 邁可方圓 | | 富爸爸五十二個忠告之三，同時擁有物質與心靈的富有 | 208 | 199 |
| 04 | 活學活用三十六計 | 王沖、沙雪良 | | 在現代社會，爾虞我詐的年代裡－用之有道，防之有法 | 320 | 280 |
| 05 | 致勝奇招孫子兵法 | 王沖、沙雪良 | | 在現代社會，爾虞我詐的年代裡－用之有道，防之有法 | 320 | 280 |
| 06 | 誰才是天生贏家 | 柏寶・薛佛 | 管中琪 | 每個人的真實能力遠比目前表現在生活中的還要更多 | 272 | 259 |
| 07 | VW 總裁心 | 蕾塔・史汀斯 | 張淑惠 | 只有一探 Volkswagen，才能真正反敗為勝 | 224 | 220 |
| 08 | 妳自己決定成功 | 蒂娜・珊蒂・馥萊荷娣 | 賴志松 | 一旦女人發現溝通的藝術隱含有多大的力量，她們就會登上巔峰 | 192 | 199 |
| 09 | 修鍊自己，打敗高失業率 | 李中石 | | 進入社會－你不得不會的生存法則和成功金律 | 224 | 220 |
| 10 | 就是沒錢才要創業 | 李中石 | | 「創業」並不需要很多資金、技術、時間或經驗。能不能成功，全在於敢不敢踏出第一步 | 272 | 250 |
| 11 | 創造企業螺絲釘 | 李中石 | | 企業管理者必備的用人寶典，更是讓上班族搶先一步窺視上司心理的實用書 | 224 | 220 |
| 12 | 生意就是談出來的 | 李中石 | | 158 招說話辦事絕活＋六位台灣名人的輝煌經驗…告訴你怎麼替自己的人生，談出一筆大生意 | 256 | 239 |
| 13 | 你一定要會的交際 36 計 | 李中石 | | 成功的關鍵取決於你的交際能力 | 224 | 199 |
| 14 | 你一定要會的管人 36 計 | 李中石 | | 三等人用錢買人　二等人用權壓人　一等人用計管人 | 320 | 249 |
| 15 | 你一定要會的用人 36 計 | 李中石 | | 用人得當，就是得人；用人不當，就是失人 | 224 | 199 |
| 16 | 你一定要會的求人 36 計 | 李中石 | | 籬芭立靠樁　人立要靠幫 | 208 | 199 |
| 17 | 健康煮出一拖拉庫的現金 | 朱淑娟 | | 火鍋要怎麼煮要怎麼吃，開店怎麼賺大錢怎麼聚人氣，劉爾金一次告訴你 | 192 | 250 |
| 18 | 中國十二大總裁 | 亓長兵、黃蘊輝 | | 締造「中國第一」，全球 15 億華人必備的總裁成功與致富寶典。成功＝智慧×努力 十二大總裁是如何掌握改變他們命運的關鍵時刻？ | 272 | 250 |
| 19 | 哪把椅子是我的？ | 吳苾雯 | | 你的「職業錨」拋向哪裡，決定和影響著一個人的成敗得失，也決定和影響著一生能否獲得快樂和幸福 | 256 | 250 |
| 22 | 銷售狂人：行銷巨人洛夫・羅勃茲之傳奇 | Ralph R. Roberts & John Gallapher | | Ralph R. Roberts 可說是美國房地產頁的一則傳奇，《時代雜誌》曾專文報導，並被譽為「全美最駭人的超級業務員！」 | 272 | 250 |
| 23 | 活錢：換種方式累積財富 | 易盧、李涌泉編著 | | 懂得賺錢，你可以成為百萬富翁，但懂得活用財富，你才能成為快樂的富翁。為了過快樂的富翁生活，請打開這本書吧！ | 256 | 230 |
| 24 | 玩錢：理財致富的最高境界 | 吳蓓、李平編著 | | 智慧才是致富的法寶！如果能將知識資本化，並善用於別人的智慧，就能財源滾滾！ | 256 | 230 |
| 25 | 狐狸上學班：手腕＞打拚 | 劉思華 | | 狐狸的機智與圓滑讓你在職場求生靈活，不要上班，只怕上了班卻無法升官 | 288 | 220 |
| 26 | OL 魅力領導書 | 劉思華、李潔 | | 職涯競技場中，為求生存，各憑本事，然屈居於弱勢的職場女性，要懂得掌握女性優勢，發揮獨特風格，別成了誤闖禁區的小白兔 | 256 | 250 |
| 27 | 逆境商（AQ）修煉 | 于建忠 | | AQ（逆境商）是我們在面對逆境時的處理能力。 | 288 | 250 |
| 28 | OL 自信滿點書 | 劉思華、李潔 | | 做個美麗而有自信的粉領女性，在職場中盡現鋒芒。 | 224 | 230 |
| 29 | 一本教企業人 social 的書 | 崔慈芬 | | 社交是人與人相處的基本功夫，做好 social 給你好人緣。 | 288 | 260 |
| 30 | 管理 48 條突破思考 | 戴志純 | | 集合近百年的國際企業編成的 48 篇故事，激發你的管理細胞。 | 224 | 230 |
| | | | | | | |
| | | | | | | |